普通高等教育“十四五”规

环境工程专业实验

赵国华　徐　劼　王　娟　方应森◎编著

中国石化出版社
·北京·

内容提要

本书共包含三部分实验内容：水污染控制工程实验、大气污染控制工程实验和固体废物处理与处置实验。

本书可作为普通高等院校环境科学与工程专业的配套实验教材，也可供其他类似实验课程选用。

图书在版编目（CIP）数据

环境工程专业实验 / 赵国华等编著 . -- 北京 : 中国石化出版社 , 2023.11

ISBN 978-7-5114-7282-3

Ⅰ. ①环… Ⅱ. ①赵… Ⅲ. ①环境工程－实验 Ⅳ. ① X5-33

中国国家版本馆 CIP 数据核字（2023）第 208786 号

中国石化出版社出版发行

地址:北京市东城区安定门外大街 58 号

邮编:100011　电话:(010)57512446

发行部电话:(010)57512575

http : // www. smopec-press. com

E-mail:press@sinopec. com

北京富泰印刷有限责任公司印刷

全国各地新华书店经销

*

710 毫米 ×1000 毫米 16 开本 9.75 印张 138 千字

2023 年 11 月第 1 版　2023 年 11 月第 1 次印刷

定价:39.00 元

前言

Preface

在“双碳”目标背景下，随着绿色低碳理念在制造业中日益深化，工业环保产业的行业需求也随之大幅提高，产业发展迎来加速期，社会对于环境工程专业应用型创新人才的需求也日益增加。培养实践能力强、综合素质高的应用型创新人才成为环境类专业人才培养的迫切目标。

环境类专业包含三门主干课程，即水污染控制工程、大气污染控制工程和固体废物处理与处置。根据普通高等院校环境工程专业课程教学基本要求，综合这三门课程的特点，为每门课程设置8~10个实验，保留传统的基本训练项目，增加综合性实验项目，引导学生主动对实验现象进行思考，对实验结果进行反思，在实践中掌握基础知识，在思考中培养创新意识。

第一章，水污染控制工程实验，共设置了10个实验，主要是验证性和综合性实验。

第二章，大气污染控制工程实验，主要设置了有关大气污染物监测、粉尘物理性质测定、除尘器性能测定、气体污染物净化及环境空气质量评价等10个基础型、设计型和研究创新型实验。

第三章，固体废物处理与处置实验，共设置了危废鉴别、固废处理与资源化等8个实验。

实验的设置充分考虑了课程体系的完整性，既涵盖各课程必备的基本知识点，又尽量避免内容重复和冗长，实用性强，考虑到不同学校实验室条件不同，实验内容易于设置并开展，学时安排弹性大。教师在使用本教材的过程中，可以根据专业实际和实验条件，进行科学选择和合理安排。同时，为每个实验设置了练习题，有利于加强学生对实验内容的掌握。

本教材主要由嘉兴学院教师共同编写完成。其中，水污染控制工程实验由徐劼、翟志才和方应森等编写完成，大气污染控制工程实验由王娟、方应森和王小强等编写完成，固体废物处理与处置实验由赵国华、高树梅、刘亚男和曹卫星等编写完成。全书由赵国华审阅和修改。

在编写过程中，笔者参考和借鉴了兄弟院校相关专业课程的实验教材，在此表示衷心的感谢。同时，特别感谢“新工程”背景下“文武双全”环境工程人才培养（嘉兴市产教融合“五个一批”产教融合工程）项目提供经费支持。

由于编者水平有限，书中难免有不妥或疏漏之处，敬请广大读者批评指正。

目录
CONTENTS

第一章　水污染控制工程实验

第二章　大气污染控制工程实验

|第三章　固体废物处理与处置实验|

第一章

水污染控制工程实验

实验一　絮凝沉淀实验

一、实验目的

通过学习本实验，学生可以根据对絮凝沉淀概念、特点的理解，初步掌握絮凝沉淀的实验方法；能根据实验相关检测指标，绘制絮凝沉淀曲线，并学会通过曲线求某一时间某一深度的颗粒总去除率。

二、实验原理

颗粒的絮凝沉淀也被称为颗粒的干涉沉淀，它是指当悬浮物浓度在1000~2000 mg/L 时，在沉淀过程中颗粒之间可能会互相碰撞产生絮凝作用，使颗粒的粒径和质量逐渐加大，沉淀速度不断加快的一种颗粒的沉降过程。所以，絮凝沉淀实际上是颗粒的变速运动，故实际沉淀速度很难用理论公式计算，对它的研究主要采取实验的方式。在实验中我们所说的絮凝沉淀颗粒的沉淀速度指的也是它的平均沉淀速度，絮凝沉淀实验可以在沉淀柱中进行。

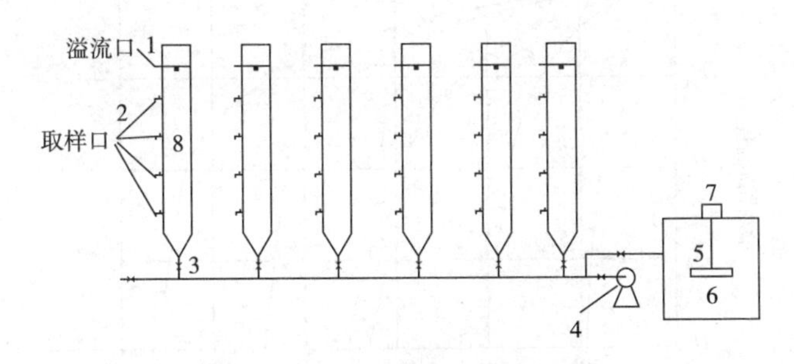

图 1　絮凝沉淀实验装置示意图

1—溢流口；2—取样口；3—阀门；4—水泵；5—搅拌器；6—水箱；7—电机；8—沉淀柱

实验装置可由 4~8 个直径为 100 mm、高为 1.7 m 的沉淀柱组成，如图 1 所示。每个沉淀柱在高度方向每隔 310 mm 开设一个取样口，沉淀柱上共设 5 个取样口，沉淀柱上部设有溢流口（没有条件的地方也可在一个沉淀柱中进行）。将已知悬浮物浓度 C_0 及水温的水样注入沉淀柱，搅拌均匀后，开始计时，间隔一定时间，如 3 min、6 min、10 min、18 min、30 min、60 min 和 120 min 分别在一个沉淀柱的每个取样口同时取样（如果只有一个沉淀柱，就每隔一定时间间隔，同时在各取样口取样）50~100 mL，测各水样的悬浮物浓度，并在每次取样后用自来水补齐至液位刻度，利用式（1）计算各水样的去除率，即

$$\eta = \frac{C_0 - C_1}{C_0} \times 100\% \tag{1}$$

式中　η——颗粒去除率，%；

C_0——已知悬浮物浓度，mg/L；

C_1——水样的悬浮物浓度，mg/L。

并由计算出的数据绘制出絮凝沉淀等去除率曲线，即以取样口高度为纵坐标，以取样时间为横坐标，建立直角坐标系，将同一沉淀时间、不同深度的去除率标于其上，然后把去除率相等的各点连成去除率曲线，如图 2 所示。

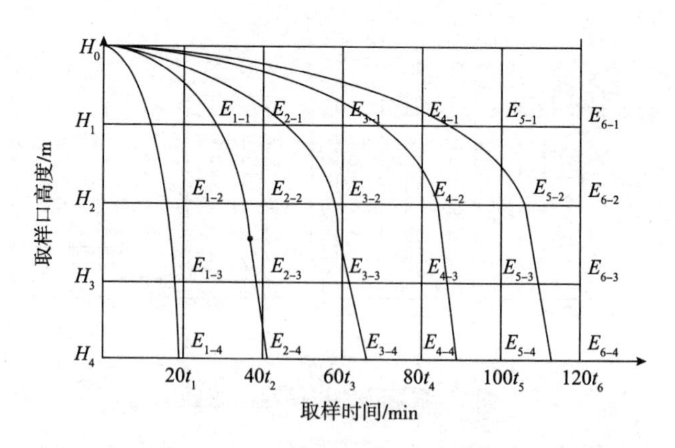

图 2　絮凝沉淀曲线示意图

应当指出，在指定的停留时间 t_1 及给定的沉淀池有效水深 H_0 的两直线的交点所得到的絮凝沉淀曲线的 E 值，只表示 $U_1 \geqslant U = \dfrac{H_0}{t_1}$ 的那些完全可以被去除颗粒的去除率，而 $U_1 < U = \dfrac{H_0}{t_1}$ 的颗粒也会有一部分被去除，对这些颗粒的去除率可进行如下分析。

设 $\Delta P = P_1 - P_s = \dfrac{C_1 - C_s}{C_0}$，其中 P 为未被去除颗粒的百分率；而 ΔP 代表的就是沉淀速度由 U_1 减小到 U_s，或者颗粒粒径由 d_1 减小到 d_s 时被去除部分所占的百分率。当 ΔP 间隔无限小时，ΔP 就代表具有特定粒径的颗粒占总颗粒的百分率。而在这部分颗粒中有一部分能被去除，有一部分未必能被去除，能不能去除关键看其沉到特定高度以下所用的时间是否小于或等于具有 U 沉淀速度颗粒所用的时间，即 $\dfrac{H_s}{U_s} = \dfrac{H_0}{U}$，它表示只有在 H_s 水深内具有 d_s 或 U_s 的颗粒才会被去除。所以，$\dfrac{U_s}{U} = \dfrac{H_s}{H_0}$ 代表了具有 U_s 或 d_s 的颗粒可以被去除部分的百分率。因此，具有特定粒径的颗粒可以去除部分的去除率可表示为 $\dfrac{U_s}{U}\mathrm{d}P$，而积分 $\dfrac{1}{U}\int_0^{P_0} U_s \mathrm{d}P$，表示 $U_s < U$ 部分颗粒的去除率。我们可以利用絮凝沉淀曲线，应用图解法近似求出不同时间、不同深度的颗粒的总去除率。图解法就是在絮凝沉淀曲线上作中间曲线。比如，求 t 时间 H_0 水深处颗粒的总去除率，如图 3 所示。

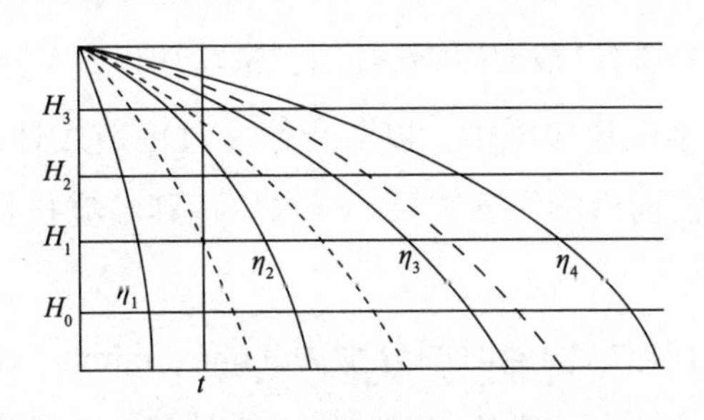

图 3　图形法求颗粒的总去除率示意图

在 η_1 之后等去除率曲线间作中间曲线，并在絮凝沉淀曲线上读出直线 t 与中间曲线各交点所对应的深度值，应用公式（2）：

$$\eta=\eta_1+\frac{H_1}{H_0}(\eta_2-\eta_1)+\frac{H_2}{H_0}(\eta_3-\eta_2)+\frac{H_3}{H_0}(\eta_4-\eta_3)+\cdots \tag{2}$$

式中　η_1——t 时刻 $U_s \geqslant U$ 部分颗粒去除率；

H_n——t 时刻各中间曲线所对应的高度。

其中，我们用 $\sum\frac{H_n}{H_0}(\eta_{T+n}-\eta_{T+n-1})$ 代替了 $\frac{1}{U}\int_0^{P_0}U_s\mathrm{d}P$ 来表示 $U_s<U$ 部分颗粒去除率。

三、实验设备与试剂

实验设备：絮凝沉淀柱子（直径 100 mm、高 1.7 m）含污水箱及水泵、电子分析天平、100 mL 烧杯或定量管（80 只）、定量滤纸、恒温烘箱、量筒（50 mL/100 mL）、布氏漏斗、抽滤瓶。

实验试剂：污水水样（可自行配制，也可直接应用生活污水或工业废水）。

四、实验步骤

（1）在水箱中装好水样并将水样搅拌均匀后，取样测原水样悬浮物浓度（SS 值）并记为 C_0。

（2）边搅拌边开启各沉淀柱进水阀门，依次向沉淀柱中注入水样。注意，在注水时，进水流速应适中，以防止速度过慢造成悬浮物絮凝沉淀，或速度过快造成紊流而影响实验效果，当水位达到溢流孔时，停止进水并开始记时。

（3）每根沉淀柱取样间隔时间分别为 3 min、6 min、10 min、18 min、30 min、60 min 和 120 min，当达到时间后，同时在这个沉淀柱的每个取样口取样 50~100 mL。

（4）测定水样的悬浮物浓度（SS 值）。

五、数据记录与处理

（1）根据式（1）计算各取样点悬浮物去除率，将计算结果填入表 1。

表 1　絮凝沉淀实验悬浮物浓度实验数据记录表

定量滤纸质量 /g					
原水样含 SS 滤纸质量 /g					
原水样 SS 浓度 /（mg/L）					
沉淀时间 /min	取样点编号	含 SS 滤纸质量 /g	SS 浓度 /（mg/L）	取样点有效水深 /cm	悬浮物去除率（E）/%
3					
6					
10					
18					
30					

（续表）

<table>
<tr><td colspan="3">定量滤纸质量 /g</td><td colspan="3"></td></tr>
<tr><td colspan="3">原水样含 SS 滤纸质量 /g</td><td colspan="3"></td></tr>
<tr><td colspan="3">原水样 SS 浓度 /（mg/L）</td><td colspan="3"></td></tr>
<tr><td>沉淀时间 /
min</td><td>取样点
编号</td><td>含 SS 滤纸
质量 /g</td><td>SS 浓度 /
（mg/L）</td><td>取样点
有效水深 /cm</td><td>悬浮物去除率
（E）/%</td></tr>
<tr><td rowspan="6">60</td><td></td><td></td><td></td><td></td><td></td></tr>
<tr><td></td><td></td><td></td><td></td><td></td></tr>
<tr><td></td><td></td><td></td><td></td><td></td></tr>
<tr><td></td><td></td><td></td><td></td><td></td></tr>
<tr><td></td><td></td><td></td><td></td><td></td></tr>
<tr><td></td><td></td><td></td><td></td><td></td></tr>
<tr><td rowspan="5">120</td><td></td><td></td><td></td><td></td><td></td></tr>
<tr><td></td><td></td><td></td><td></td><td></td></tr>
<tr><td></td><td></td><td></td><td></td><td></td></tr>
<tr><td></td><td></td><td></td><td></td><td></td></tr>
<tr><td></td><td></td><td></td><td></td><td></td></tr>
</table>

（2）在坐标轴上以沉淀时间为横坐标，以深度为纵坐标，建立直角坐标系，并将各取样点的去除率填在坐标上。

（3）在步骤（2）的基础上，绘制絮凝沉淀（等去除率）曲线。注意，最好以 5%或 10%为一间距，如 25%、30%，或 30%、40%。

（4）利用图解法（图 3）计算 t=40 min、H=1.0 m 处颗粒的总去除率。

六、思考题

（1）简述絮凝沉淀的概念及特点。

（2）在哪些水处理构筑物中颗粒发生絮凝沉淀?

（3）简述絮凝沉淀曲线的含义及应用。

练习题

1. [填空题] 絮凝沉淀的发生条件为 ________________________________。

2. [多选题] 颗粒絮凝沉淀过程存在的特点包括（　）。

A. 在沉降的过程中，颗粒互相碰撞、黏合，结合成较大的絮凝体而沉降

B. 沉降的过程中颗粒的尺寸不断变化

C. 颗粒的沉降速度是增加的

D. 颗粒沉降轨迹为一条曲线

3. [填空题] 活性污泥在二沉池中间段的沉淀属于 ____________________ 。

答案： 1. 固体浓度稍高，颗粒具有凝聚性。

2. ABCD。

3. 絮凝沉淀。

实验二　颗粒自由沉淀实验

一、实验目的

通过学习本实验，学生可以根据对自由沉淀概念、特点及沉淀规律的理解，初步掌握自由沉淀的实验方法；能根据实验相关检测指标，绘制自由沉淀效率－时间曲线（η–t 曲线）和悬浮物浓度－时间曲线（C_i–t 曲线）。

二、实验原理

颗粒进行自由沉淀过程中，其沉淀速度在层流区符合 Stokes 公式。

$$U_s = \frac{P_s - P_L}{18U} g d^2$$

悬浮物总去除率的计算：

$$E = \left(1 - P_0\right) + \int_0^{P_0} \frac{U_s}{U_0} \mathrm{d}P$$

式中　E——总去除率；

P_0——沉淀速度小于 U_0 的颗粒占全部悬浮颗粒的百分数；

U_s——沉淀速度；

U_0——颗粒达到沉淀区末端时，刚好能沉至池底的颗粒的沉降速度。

实验用沉淀柱进行，如图 1 所示。

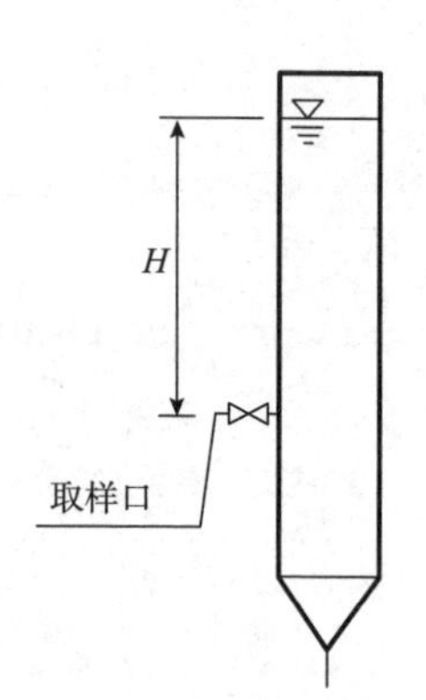

图 1　颗粒自由沉淀实验装置示意图

三、实验设备

（1）沉淀装置：有机玻璃管沉淀柱、储水箱、水泵、搅拌装置和配水系统等。

（2）测定悬浮物浓度的相关仪器与设备：100 mL 玻璃烧杯、100 mL 量筒、布氏抽滤漏斗、滤纸、电子天平、抽滤装置和烘箱等。

四、实验步骤

（1）将一定量的硅藻土投入配水箱中，开动搅拌机，充分搅拌混合，注意混合后悬浮物浓度不可过高，以保证满足自由沉淀的要求。

（2）取水样 50 mL（测定初始溶液的悬浮物浓度为 C_0），并确定取样管内取样口位置。

（3）启动水泵将混合液打入沉淀柱到一定高度，停泵，停止搅拌机，并记录高度 H，此时沉淀时间 t=0。开启秒表，开始记录沉淀时间 t。

（4）观察悬浮颗粒沉淀特点、现象。

（5）当沉淀时间 t 为 5 min、10 min、20 min、30 min、60 min 和 90 min 时，在取样口高度为 72 cm 的位置进行水样采集，取样体积为 50 mL，用重量法测定其悬浮颗粒的浓度 C_i，记录数据。

五、数据记录与处理

（1）按照公式 $\eta = \frac{C_0 - C_i}{C_0} \times 100\%$ 计算不同沉淀时间 t 的沉淀效率 η，将计算结果填入表 1。

表 1　颗粒自由沉淀实验数据记录表

取样编号	1	2	3	4	5	6	7
沉淀时间（t）/min	0	5	10	20	30	60	90

（续表）

取样编号	1	2	3	4	5	6	7
滤纸质量 /g							
滤纸＋沉淀颗粒质量 /g							
水样中颗粒浓度 /（g/L）							
颗粒物沉淀效率（η）/%							

（2）以 η 为纵坐标，以 t 为横坐标，绘制 η–t 曲线。

（3）以 C_i 为纵坐标，以 t 为横坐标，绘制 C_i–t 曲线。

六、思考题

（1）水体处于何种条件下会出现自由沉淀现象？

（2）颗粒发生自由沉淀时，有哪些特征？

（3）污水处理的哪些构筑设备会出现自由沉淀现象？

练习题

1. [填空题] 自由沉淀的发生条件为 ________________。

2. [多选题] 颗粒自由沉淀过程存在的特点包括（　）。

A. 沉降过程中，固体颗粒不改变形状和尺寸，也不互相黏合

B. 各自独立地完成沉降过程

C. 颗粒的沉降速度保持不变

D. 颗粒沉降轨迹为一条直线

3. [填空题] 沙粒在沉池中的沉淀类型属于 ________________。

答案： 1. 废水中的悬浮固体浓度不高。

2. ABCD。

3. 自由沉淀。

实验三　成层沉淀实验

一、实验目的

通过学习本实验，学生可以根据对成层沉淀原理的理解，初步掌握沉淀池设计的实验方法；能根据实验相关检测指标，掌握成层沉淀特性曲线的测定方法及固体通量分析过程。

二、实验原理

在含有分散性颗粒的废水静置沉淀过程中，设实验筒内有效水深为 H（图 1），通过不同的沉淀时间 t，可求得不同的颗粒沉淀速度 U，$U=H/t_0$，对于指定的沉淀时间 t_0，可求得颗粒沉淀速度 U_0。对于 $U \geqslant U_0$ 的颗粒在 t_0 时可全部被去除，而对于 $U<U_0$ 的颗粒只有一部分被去除，而且按 U/U_0 的比例被去除。

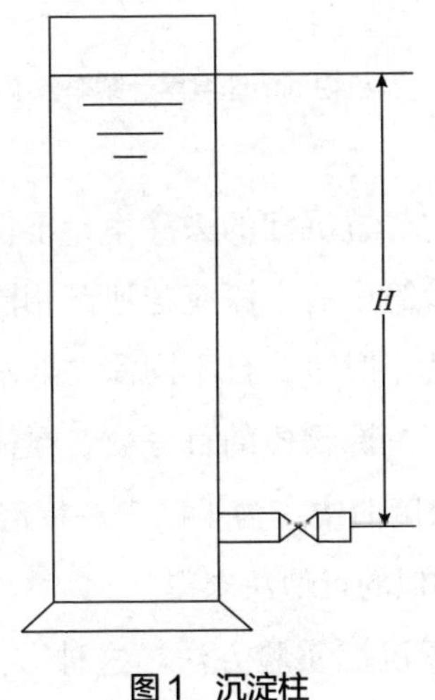

图 1　沉淀柱

设 x_0 代表沉淀速度 $U \leqslant U_0$ 的颗粒所占百分数，于是在悬浮颗粒总数中，去除的百分数可用 $1-x_0$ 表示。而具有沉淀速度 $U \leqslant U_0$ 的每种粒径的颗粒去除的部分等于 U/U_0。因此，当考虑到各种颗粒粒径时，这类颗粒的去除百分数为：$\int_{x}^{x_0}\frac{U}{U_0}\mathrm{d}x$，则

总去除率：
$$E=(1-x_0)+\frac{1}{U_0}\int_{x}^{x_0}U\mathrm{d}x \tag{1}$$

式（1）中，第二项可将沉淀分配曲线用图解积分法确定，如图 2 中的阴影部分。

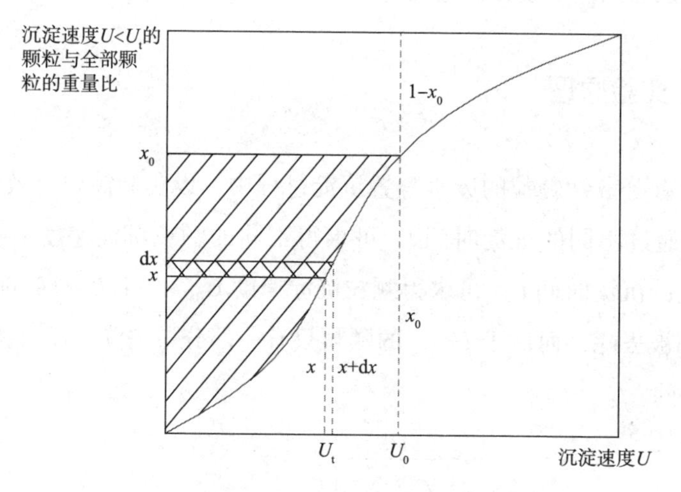

图 2　颗粒物沉淀速度累计频率分配曲线

对于絮凝型悬浮物的静置沉淀的去除率，不仅与沉淀速度有关，而且与深度有关。因此，实验筒中的水深应与池深相同。在沉淀柱的不同深度设有取样口，在不同的选定时段，自不同深度取水样，测定这部分水样中的颗粒浓度，并用以计算沉淀物质的百分数。在横坐标为沉淀时间、纵坐标为深度的图上绘出等浓度曲线，为了确定一特定池中悬浮物的总去除率，可以采用与分散性颗粒相似的近似法求得。

上述是一般废水静置沉淀实验方法。这种方法的实验工作量相当大，

因此在实验过程中对上述方法进行了改进。

沉淀开始时，可以认为悬浮物在水中的分布是均匀的。可是，随着沉淀历时的增加，悬浮物在沉淀柱内的分布变得不均匀。严格地说，经过沉淀时间 t 后，应将沉淀柱内有效水深 H 的全部水样取出，测出其悬浮物含量，计算出 t 时间内的沉淀效率。但是，这样工作量太大，而且每个实验筒内只能求一个沉淀时间的沉淀效率。为了克服上述弊端，又考虑到实验筒内悬浮物浓度沿水深的变化，所以我们提出的实验方法是将取样口装在沉淀柱 $H/2$ 处。近似地认为该处水的悬浮物浓度代表整个有效水深悬浮物的平均浓度。我们认为这样做在工程上的误差是允许的，而实验及测定工作量可大为简化，在一个沉淀柱内就可多次取样，完成沉淀曲线的实验。

三、实验设备与试剂

实验设备：实验模拟沉淀柱（图 3）直径为 200 mm，工作有效水深为 1500 mm；真空抽滤装置或过滤装置；电子分析天平；带盖称量瓶；干燥器；烘箱等。

实验试剂：生活污水、造纸、高炉煤气洗涤等工业废水或黏土配水。

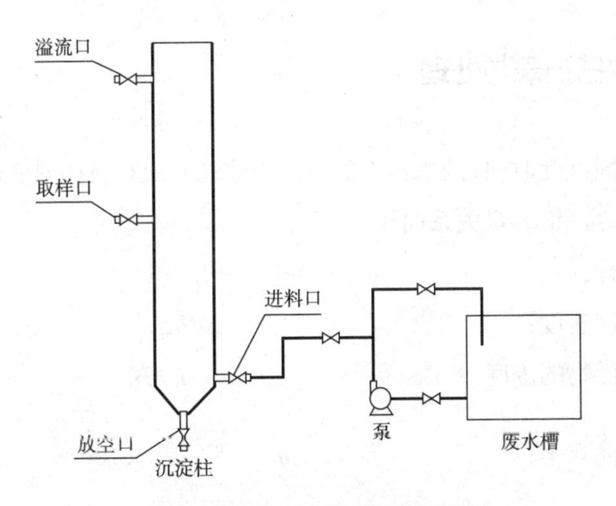

图 3　水静置沉淀实验装置示意图

四、实验步骤

（1）将水样倒入搅拌桶中，用泵循环搅拌约 5 min，使水样中悬浮物分布均匀。

（2）用泵将水样输入沉淀实验筒，在输入过程中，从筒中取样 3 次，每次约 50 mL（取样后要准确记下水样体积）。此水样的悬浮物浓度即实验水样的原始浓度 C_0。

（3）当废水升到溢流口，且溢流管流出水后，关紧沉淀实验筒底部的阀门，停泵，记下沉淀开始时间。

（4）观察静置沉淀现象。

（5）隔 5 min、10 min、20 min、30 min、45 min、60 min 和 90 min，从实验筒中部取样 2 次，每次约 50 mL（准确记下水样体积）。取水样前，要先排出取样管中的积水约 10 mL。取水样后，测量工作水深的变化。

（6）将每一种沉淀时间的两个水样做平行实验，用滤纸抽滤（滤纸应当是已在烘箱内烘干后称量过的），过滤后，再把滤纸放入已准确称量的带盖称量瓶内，在 105~110 ℃烘箱内烘干后称量滤纸的增量即水样中悬浮物的质量。

五、数据记录与处理

计算不同沉淀时间 t 的水样中的悬浮物浓度 C 及相应的界面沉淀速度 U，画出 H–t、U–t 和 U–C 关系曲线。

数据处理：

（1）沉淀速度：

$$U = \Delta H / t_i \tag{2}$$

（2）悬浮物的浓度：

$$C_t = C_0 \times H_0 / H_t \tag{3}$$

（3）沉淀效率：

$$\eta = \frac{C_0 - C_i}{C_0} \times 100\% \tag{4}$$

六、思考题

（1）成层沉淀发生的条件是什么？

（2）成层沉淀一般发生在沉淀池中的什么部位？

练习题

1. [填空题]成层沉淀发生的条件是＿＿＿＿＿＿＿＿＿＿＿＿＿＿。

2. [多选题]颗粒成层沉淀过程存在的特点包括（　）。

A. 颗粒的沉降受到周围其他颗粒影响

B. 颗粒间相对位置保持不变

C. 颗粒物以一个整体共同下沉

D. 与澄清水之间有清晰的泥水界面

3. [填空题]污泥重力浓缩池开始阶段的沉淀类型属于＿＿＿＿＿＿＿＿。

答案： 1. 在废水中悬浮颗粒的浓度提高到一定程度后发生的，一般SS浓度大于5000 mg/L。

2. ABCD。

3. 成层沉淀。

实验四　曝气设备充氧能力的测定

一、实验目的

通过学习本实验，学生可以根据对曝气设备充氧机理及影响因素的理解，掌握测定曝气设备氧总转移系数的方法；能根据检测和计算指标，以及水中溶解氧含量、氧总转移系数、充氧设备氧转移速率，评价所检测充氧设备充氧能力的大小。

二、实验原理

活性污泥法处理过程中曝气设备的作用是使氧气、活性污泥和污染物三者充分混合，使活性污泥处于悬浮状态，促使氧气从气相转移到液相，随后从液相转移到固相（活性污泥），保证微生物有足够的氧进行物质代谢。由于氧的供给是保证生化处理过程正常进行的主要因素之一，因此工程设计人员和操作管理人员常需要通过实验测定氧总转移系数K_{La}①，评价曝气设备的供氧能力和动力效率。

先用亚硫酸钠对实验用水进行脱氧处理，使水中溶解氧降到零，然后再曝气，直至溶解氧升高到接近饱和水平。假定这个过程中液体是完全混合的，符合一级动力学反应，水中溶解氧的变化可以用公式（1）表示：

$$dC/dt=K_{La}(C_s-C) \tag{1}$$

式中　dC/dt——氧转移速率，mg/（L·h）；

K_{La}——氧总转移系数，1/h；

---

① K_{La}可以被认为是一混合系数。它的倒数表示使水中的溶解氧由C变到C_s所需要的时间，是气液界面阻力和界面面积的函数。

C_s——实验条件下自来水（或污水）的溶解氧饱和浓度，mg/L；

C——相应于某一时刻 t 的溶解氧浓度，mg/L。

将式（1）积分得：

$$\ln(C_s - C) = -K_{La} \times t + \text{常数} \quad (2)$$

式（2）表明，通过实验测得 C_s 和相应于每一时刻 t 的溶解氧 C 值后，绘制 $\ln(C_s-C)-t$ 的关系曲线，其斜率即 $-K_{La}$（图 1）。

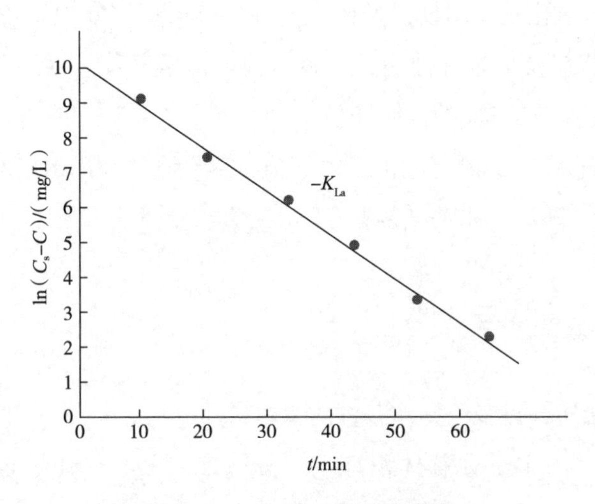

图1　$\ln(C_s-C)-t$ 的关系曲线

三、实验设备与试剂

实验设备：模型曝气池（图 2）、泵型叶轮、电动机（单向串激电机 / 220 V/2.5 A）、溶解氧测定仪、秒表。

实验试剂：无水亚硫酸钠、氯化钴。

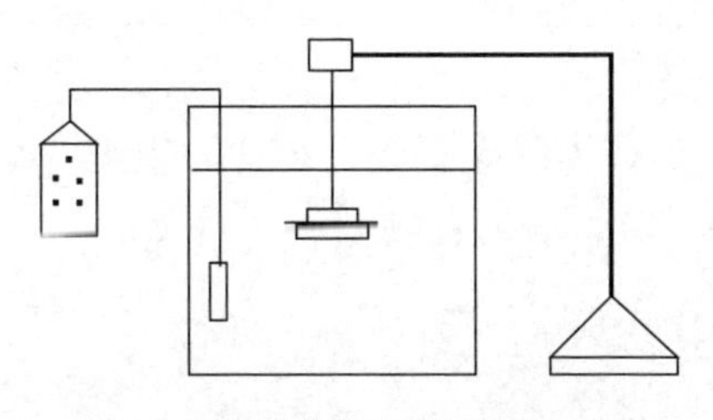

图2　曝气设备充氧能力实验装置

四、实验步骤

（1）向曝气池注入自来水，测定水样体积 V（L）、水温 T（℃）、溶解氧含量 C（mg/L），计算池内溶解氧含量 G，$G=C\times V$。

（2）计算投药量：

脱氧剂（无水亚硫酸钠）用量：$g=(1.1\sim1.5)\times 8\times G$（用热水溶解）；

催化剂（氯化钴）用量：投加浓度为 0.4 mg/L（Co^{2+}）。

（3）将药剂投入曝气池内，至曝气池内溶解氧值为 0 后，启动曝气装置，向曝气池曝气，同时开始计时。

（4）每隔 0.5 min 测定池内溶解氧值，直至曝气池内溶解氧值不再增长（饱和）为止。随后关闭曝气装置。

五、数据记录与处理

（1）记录实验设备及操作条件的基本参数。

水温 T=____ ℃；水样体积 V=____ m^3；C_s=____ mg/L；$CoCl_2$ 投加量=____ g；Na_2SO_3 投加量 =____ g。

（2）在表 1 中记录不稳定状态下充氧实验测得的溶解氧值，并进行数据整理。

表 1　不稳定状态下充氧实验测得的溶解氧值

t/min						
C/（mg/L）						
C_s-C/（mg/L）						
$\ln(C_s-C)$/（mg/L）						

（3）以溶解氧浓度 C 为纵坐标、时间 t 为横坐标，作 $\ln(C_s-C)-t$ 的关系曲线图。利用图解法得出氧总转移系数 K_{La}（min^{-1}）。

（4）计算氧总转移系数 $K_{La(20)}$：

$$K_{La(20)}=K\cdot K_{La(T)}=1.024^{(20-T)}\times K_{La(T)} \tag{3}$$

（5）计算充氧设备氧转移速率 E_L：

$$E_L[kgO_2/(h\cdot m^3)]=60/1000\times K_{La(20)}\times C_s \qquad (4)$$

式（4）中，C_s 为 1 atm 下、20 ℃时溶解氧饱和值，C_s=9.08 mg/L。

六、思考题

（1）曝气充氧的原理及其影响因素是什么?

（2）温度修正、压力修正系数的意义是什么？

（3）氧总转移系数 K_{La} 的意义是什么?

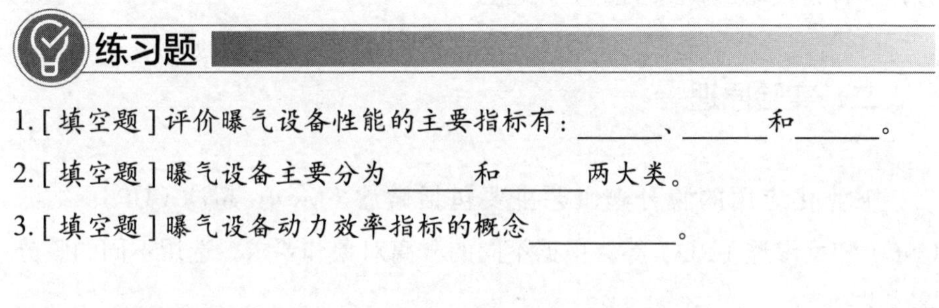

练习题

1. [填空题]评价曝气设备性能的主要指标有：______、______和______。

2. [填空题]曝气设备主要分为______和______两大类。

3. [填空题]曝气设备动力效率指标的概念__________。

答案： 1. 氧转移速率；充氧能力（动力效率）；氧利用率。

2. 鼓风曝气；机械曝气。

3. 每消耗 1 kW·h 的动能可传递到水中的氧量。

实验五　反渗透实验

一、实验目的

通过学习本实验，学生可以根据反渗透膜分离的基本工作原理，了解膜组件运行的基本模式及操作方法；能根据采集水样检测指标、电导率和硬度，评价反渗透膜组件的运行状态。

二、实验原理

工业化应用的膜分离工艺主要包括微滤（MF）、超滤（UF）、纳滤（NF）和反渗透（RO）等。根据不同的分离对象和要求，选用不同的膜分离工艺。

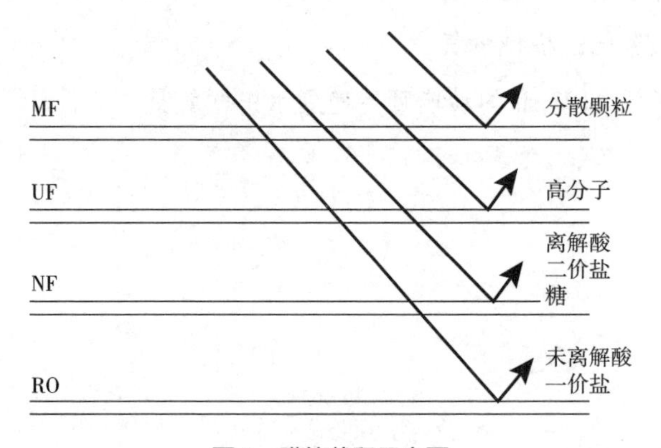

图1　膜的截留示意图

反渗透（RO）技术是20世纪60年代发展起来的以压力为驱动力的膜分离技术，它借助外加压力的作用使溶液中的溶剂（H_2O）透过半透膜而阻留某些溶质，是一种分离、浓缩和提纯的有效手段。由于反渗透技术具有无相变、组件化、流程简单、操作方便、耗费低等特点，在诸多水处理技术中，反渗透技术被认为是先进的方法之一，发展十分迅速，已广泛地应用于海水、苦咸水淡化，工业废水处理，纯水和超纯水制备等领域。

反渗透膜通常被认为是表面致密的无孔膜，且能截留水中绝大多数的溶质。其工作过程就是以压力为推动力，利用反渗透膜只能透过水而不能透过溶质的选择透过性，从含有多种有机物、无机物和微生物的水体中，提取纯净水的物质分离过程。其原理如图 2 所示。

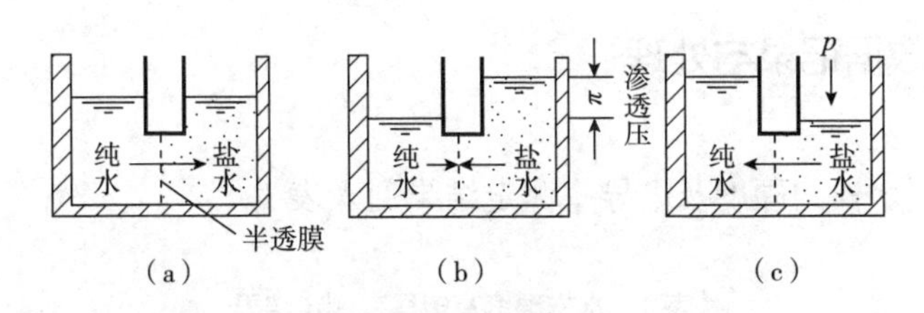

图 2　反渗透与渗透现象

通常，膜的性能是指膜的物化稳定性和膜的分离透过性。膜的物化稳定性的主要指标：膜材料、膜允许使用的最高压力、温度范围、适用的 pH 值范围，以及对有机溶剂等化学药品的抵抗性等。

膜的分离透过性指在特定的溶液系统和操作条件下，脱盐率、产水流量和流量衰减指数。根据分离原理，温度、操作压力、给水水质、给水流量等因素将影响膜的分离性能。

三、实验设备与试剂

实验设备：NTHL–Y–1 型反渗透装置、反渗透膜元件、电导仪。

实验试剂：EDTA、氨水、氯化铵、铬黑 T 指示剂。

四、实验步骤

（1）开启反渗透装置（图 3），依次取原水样、一次浓水样、一次淡水样、二次浓水样、二次淡水样各 250 mL。

（2）测定各水样电导率及硬度。

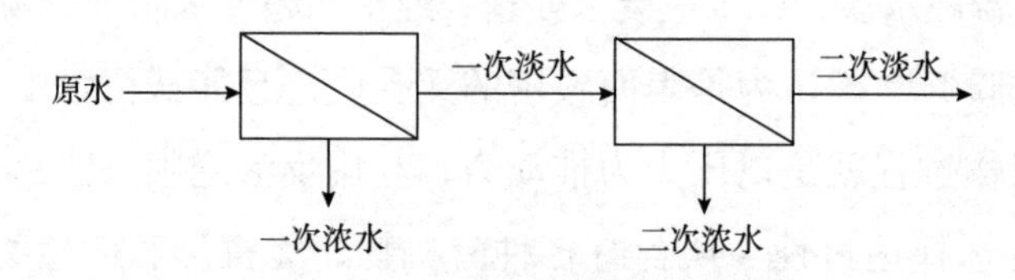

图 3　高纯水制备工艺流程简图

五、数据记录与处理

将不同水样的硬度及电导率测定结果列入表 1。

表 1　水样硬度及电导率测定结果

水样		原水	一次浓水	一次淡水	二次浓水	二次淡水
消耗 EDTA 体积 /mL						
水样硬度 /（mg/L）						
电导率 /（pS/m）	1					
	2					
	3					
	平均值					

六、思考题

（1）反渗透技术脱盐与离子交换技术脱盐这两种工艺有何区别，各有何优缺点?

（2）工业废水和自来水在利用反渗透处理工艺时存在哪些区别?

七、附件

水样硬度测定方法：

（1）EDTA 标准溶液配制：准确移取 0.05 mol/L 的 EDTA 标准溶

液 200 mL 置于 1000 mL 容量瓶中，加水稀释至刻度线，摇匀得浓度为 0.01 mol/L 的 EDTA 标准溶液。

（2）取待测水样 100 mL 置于锥形瓶中，加 NH_3H_2O–NH_4Cl 缓冲液（pH 值 =10）10 mL，加入铬黑 T 指示剂 2~3 滴，用 EDTA 标准溶液（0.01 mol/L）滴定至溶液由酒红色变为纯蓝色，即为终点，记录所消耗的 EDTA 标准溶液体积（V_{EDTA}）。

（3）根据公式：水的总硬度 =$V_{EDTA} \times 5.608$，计算出水样硬度。

练习题

1. [多选题] 在膜析法中，物质透过薄膜需要的动力可以是（　）。

A. 分子扩散作用　　B. 磁场力

C. 电场力　　D. 压力

2. [填空题] 膜析法处理废水的方法有：________。

3. [填空题] 常用水处理反渗透装置有 4 种，分别为：________、________、________ 和 ________。

答案： 1. ACD。

2. 膜过滤法、电渗析和反渗透等。

3. 板框式反渗透装置；管式反渗透装置；螺旋卷式反渗透装置；中空纤维式反渗透装置。

实验六　混凝沉淀实验

一、实验目的

通过学习本实验，学生可以根据评判水质效果的参数指标，初步设计废水混凝实验的方案；能根据处理工艺参数指标、投药量、体系 pH 值、水质浊度等，找到混凝净化过程的主要影响因素，并优化混凝处理工艺。

二、实验原理

化学混凝法通常用来除去废水中的胶体污染物和细微悬浮物。所谓化学混凝，是指在废水中投加化学药剂来破坏胶体及细微悬浮物颗粒在水中形成的稳定分散体系，使其聚集为具有明显沉降性能的絮凝体的过程。这一过程包括凝聚和絮凝两个步骤，二者统称为混凝。具体地说，凝聚是指在化学药剂作用下使胶体和细微悬浮物脱稳，并在布朗运动的作用下，聚集为微絮粒的过程，而絮凝则是指絮粒在水流紊动的作用下，成为絮凝体的过程。

化学混凝的机理涉及的因素有很多，如水中杂质的成分、浓度，水温，水的 pH 值、碱度，以及混凝剂的性质和混凝条件等，但可以认为主要是三个方面的作用：胶粒脱稳（压缩双电层）、吸附架桥作用和网捕作用。

三、实验设备与试剂

实验设备：六联搅拌机、光电式浊度仪、酸度计、烧杯、量筒、移液管、注射针筒、温度计和秒表等。

实验试剂：硫酸铝、氢氧化钠和盐酸。

四、实验步骤

1. 最佳投药量的确定

（1）确定原水特征，即测定原水水样浊度、pH 值、温度。

（2）确定形成矾花所用的最小混凝剂量。方法是通过慢速搅拌（或 60 r/min）烧杯中 250 mL 原水，并每次增加 0.1 mL 混凝剂，直至出现矾花为止。这时的混凝剂量作为形成矾花的最小投加量。

（3）用 6 个 250 mL 的烧杯，分别放入 250 mL 原水，并置于实验搅拌机平台上。

（4）确定实验时的混凝剂投加量。根据步骤（2）得出的形成矾花的最小混凝剂投加量，取其 1/4 作为 1 号烧杯的混凝剂投加量，取其 4 倍作为 6 号烧杯的混凝剂投加量，用依次增加相等的混凝剂投加量的方法求出 2~5 号烧杯的混凝剂投加量，把混凝剂分别加入 1~6 号烧杯中。

（5）启动搅拌机，快速搅拌 0.5 min，转速约 300 r/min；中速搅拌 5 min，转速约 120 r/min；慢速搅拌 15 min，转速约 80 r/min。

（6）关闭搅拌机，抬起搅拌桨，静置沉淀 10 min，用注射针筒抽出烧杯中的上清液，立即用浊度仪测定浊度。

2. 最佳 pH 值的确定

（1）取 6 个 250 mL 的烧杯分别放入 250 mL 原水，并置于实验搅拌机平台上。

（2）确定原水特征，测定原水浊度、pH 值、温度。

（3）调整原水 pH 值，用移液管依次向 1 号、2 号、3 号装有水样的烧杯中加入 1.5 mL、1.0 mL、0.5 mL 10%浓度的盐酸。依次向 4 号、5 号、6 号装有水样的烧杯中加入 0.5 mL、1.0 mL、1.5 mL10%浓度的氢氧化钠。

该步骤也可采用变化 pH 值的方法，即调整 1 号烧杯水样使其 pH 值等于 3，其他水样（从 1 号烧杯开始）依次增加一个单位 pH 值。

（4）启动搅拌机，快速搅拌 0.5 min，转速约 300 r/min。随后从各烧杯中分别取出 50 mL 水样放入三角烧杯，用 pH 仪测定各水样 pH 值。

（5）用移液管向各烧杯中加入相同剂量的混凝剂（投加剂量按照最佳投药量实验中得出的最佳投药量确定）。

（6）启动搅拌机，快速搅拌 0.5 min，转速约 300 r/min；中速搅拌 5 min，转速约 100 r/min；慢速搅拌 15 min，转速约 60 r/min。

（7）关闭搅拌机，静置 5 min，用注射针筒抽出烧杯中的上清液，立即用浊度仪测定浊度。

五、数据记录与处理

1. 最佳投药量的确定

（1）把原水特征、混凝剂投加情况、沉淀后的剩余浊度记入表 1。

（2）以沉淀水浊度为纵坐标，以混凝剂加注量为横坐标，绘出浊度与药剂投加量关系曲线，并从图上求出最佳混凝剂投加量。

混凝剂及浓度（mg/L）:______；原水浊度（NTU）:______；原水 pH 值:______；原水温度（℃）:______。

最小混凝剂量（mL）:______；相当于（mg/L）:______。

表 1　最佳混凝剂投加量

水样编号	1	2	3	4	5	6
投药量 /（mg/L）						
初矾花时间						
矾花沉淀情况						
剩余浊度						

2. 最佳 pH 值实验结果整理

（1）把原水特征、混凝剂加注量、酸碱加注情况和沉淀水浊度记入表 2。

（2）以沉淀水浊度为纵坐标，以水样 pH 值为横坐标，绘出浊度与 pH 值关系曲线，从图上求出所投加混凝剂的混凝最佳 pH 值及其适用范围。

混凝剂及浓度（mg/L）:______；原水浊度（NTU）:______；原水 pH

值：______；原水温度（℃）：______。

混凝剂量（mL）：______；相当于（mg/L）：______。

表2　最佳pH值

水样编号	1	2	3	4	5	6
盐酸 /mL						
氢氧化钠 /mL						
水样 pH 值						
剩余浊度						

六、思考题

（1）根据最佳投药量实验曲线，分析沉淀水浊度与混凝剂加注量的关系。

（2）根据实验结果及实验中所观察到的现象，简述影响混凝的几个主要因素。

（3）为什么当投药量最大时混凝的效果不一定好？

练习题

1. [填空题] _____、_____、_____和_____等是影响混凝效果的主要参数变量。

2. [单选题] 有关胶体结构描述正确的是（　）。

A. 胶粒带电，在其周围会形成一层水化膜

B. 胶体的中心称为胶粒，胶粒表面会选择性地吸附带有电荷的离子

C. 胶粒与扩散层之间有一个电位差，这个电位差所形成的电位称为总电位

D. 胶体结构中的双电层指的是固定层和吸附层

3. [多选题] 含油废水破乳的方法是（　）。

A. 剧烈搅拌　　B. 降低温度

C. 加入无机盐　　D. 加入乳化剂

答案： 1. 水温；酸碱度；水中杂质的成分、性质和浓度；水力条件。

2. A。

3. ABCD 。

实验七　活性炭吸附实验（静态）

一、实验目的

通过学习本实验，学生可以根据活性炭静态吸附工艺的基本原理，初步设计活性炭亚甲基蓝静态吸附处理工艺；能根据检测及计算指标，如亚甲基蓝溶液吸附处理前后浓度、活性炭对亚甲基蓝的平衡吸附量，找到静态吸附实验效果的影响因素并绘制吸附等温线，最后根据拟合得到等温线方程常数，评价及优化吸附处理工艺。

二、实验原理

活性炭吸附过程包括物理吸附和化学吸附。其基本原理就是利用活性炭的固体表面对水中一种或多种物质的吸附作用，达到净化水质的目的。

当活性炭对水中所含杂质产生吸附作用时，水中的杂质在活性炭表面积聚而被吸附，同时也有一些被吸附物质由于分子的热运动而离开活性炭表面，重新进入水中即同时发生解吸。当吸附和解吸处于动态平衡时，称为吸附平衡。这时活性炭和水（即固相和液相）之间的溶质浓度具有一定的分布比值。

单位质量的活性炭吸附溶质的数量 q_e，即平衡吸附量可按式（1）计算：

$$q_e = \frac{V\left(C_0 - C\right)}{m} \tag{1}$$

式中　q_e——活性炭平衡吸附量，即单位质量的吸附剂所吸附的物质量，mg/g；

V——污水体积，L；

C_0、C——吸附前原水及吸附平衡时水中被吸附物质的浓度，mg/L；

m——活性炭加入量，g。

在温度一定的条件下，活性炭的吸附量随被吸附物质平衡浓度的提高而提高，两者之间的变化曲线被称为吸附等温线，通常用 Fruendlich 经验式加以表达。

$$q_e = K \times C^{1/n} \tag{2}$$

式中　K、n——与溶液的温度、pH 值及吸附剂和被吸附物质的性质有关的常数。

K、n 值求法如下：通过静态活性炭吸附实验测得 q_e、C 相应之值，将式（2）求对数后变换为式（3）：

$$\lg q_e = \lg K + \frac{1}{n}\lg C \tag{3}$$

将 $\lg q_e$、$\lg C$ 相应值点绘在双对数坐标纸上，所得直线的斜率为 $1/n$，截距则为 K。

三、实验设备与试剂

实验设备：振荡器（摇床）、电子分析天平、分光光度计、250 mL 三角瓶和 100 mL 容量瓶。

实验试剂：活性炭（粉状）、亚甲基蓝。

四、实验步骤

1. 标准曲线绘制

（1）配制浓度为 50 mg/L 的亚甲基蓝溶液于 100 mL 容量瓶中。

（2）以 50 mg/L 亚甲基蓝溶液为母液，采用稀释法依次配制浓度为 5.0 mg/L、2.5 mg/L、1.0 mg/L、0.5 mg/L、0.2 mg/L 和 0.1 mg/L 的亚甲基蓝溶液于 100 mL 容量瓶中。

（3）用分光光度计测定其吸光度值（吸附波长为 665 nm），并绘制标准曲线。

2. 静态活性炭吸附实验

（1）取 5 个 250 mL 的三角瓶，用天平分别称取 100 mg、200 mg、300 mg、400 mg 和 500 mg 的粉状活性炭投入三角瓶中，每瓶中加入 100 mL 50 mg/L 亚甲基蓝溶液。

（2）将三角瓶放在振荡器上振荡（振荡速度适中），当达到吸附平衡时停止振荡（振荡时间一般为 40 min）。

（3）测定静置后三角瓶中废水的吸光度值（取上清液）。

五、数据记录与处理

1. 绘制亚甲基蓝测定标准曲线

将分光光度计测定的各标准样品（不同浓度的亚甲基蓝溶液）的吸光度值记入表 1，并绘制标准曲线。

表 1　亚甲基蓝溶液浓度测定标准曲线数据

浓度 /（mg/L）	0.1	0.2	0.5	1.0	2.5	5.0
吸光度						

2. 绘制活性炭亚甲基蓝静态吸附等温线

吸附实验结束后，测定静置后三角瓶中废水的吸光度值（取上清液），并将结果记入表 2，求出活性炭对亚甲基蓝的平衡吸附容量 q_e，并绘制活性炭亚甲基蓝静态吸附等温线。

表 2　活性炭亚甲基蓝静态吸附实验数据

活性炭质量 / mg	初始浓度（C_0）/（mg/L）	平衡浓度（C）/（mg/L）	平衡吸附量（q_e）/（mg/g）	$\lg q_e$	$\lg C$
100	50				
200	50				
300	50				
400	50				
500	50				

3. 根据等温线方程确定常数 K 和 n。

对绘制的活性炭亚甲基蓝静态吸附等温线进行线性拟合，根据拟合结果，确定吸附等温线常数 K 和 n。

六、思考题

（1）吸附等温线有什么现实意义？

（2）活性炭吸附达到饱和后能否再次利用？如果可以再生，常用的再生方法有哪些？

练习题

1. [填空题] 吸附操作可以间歇方式进行，也可以连续方式运行，其吸附装置的结构形式主要有 4 种：______、______、______ 和 ______，除吸附装置本身，一般还需要配备饱和吸附剂的脱附和再生设备。
2. [单选题] 下列有关吸附工艺过程描述正确的是（　）。
   A. 环境温度越高，吸附剂的吸附作用越强，对吸附越有利
   B. 吸附操作只可以采用连续的运行方式
   C. 吸附法操作简便，能直接处理悬浮物浓度高的废水
   D. 在废水处理过程中，吸附法能起到脱色、去除难降解有机物的作用
3. [填空题] 吸附过程可分为 3 个阶段，即 ______、______ 和 ______。

答案：1. 混合接触式吸附装置；固定床吸附装置；移动床吸附装置；流化床吸附装置。

2. D。

3. 颗粒外部扩散阶段；内部扩散阶段即孔隙扩散阶段；吸附反应阶段。

实验八　活性炭吸附实验（动态）

一、实验目的

通过学习本实验，学生可以根据活性炭动态吸附工艺的基本原理，初步设计活性炭亚甲基蓝动态吸附处理工艺；能根据检测及计算指标，如亚甲基蓝溶液吸附处理前后浓度、亚甲基蓝吸附去除率，找到动态吸附实验效果的影响因素，评价及优化动态吸附处理工艺。

二、实验原理

活性炭吸附过程包括物理吸附和化学吸附。其基本原理就是利用活性炭的固体表面对水中一种或多种物质的吸附作用，达到净化水质的目的。

当活性炭对水中所含杂质产生吸附作用时，水中的杂质在活性炭表面积聚而被吸附，同时也有一些被吸附物质由于分子的热运动而离开活性炭表面，重新进入水中即同时发生解吸。当吸附和解吸处于动态平衡时，称为吸附平衡。

三、实验设备与试剂

实验设备：活性炭连续流吸附实验装置、电子分析天平、分光光度计和 100 mL 容量瓶。

实验试剂：活性炭（粒状）、亚甲基蓝。

四、实验步骤

1. 绘制标准曲线

（1）配制浓度为 50 mg/L 的亚甲基蓝溶液于 100 mL 容量瓶中。

（2）以 50 mg/L 亚甲基蓝溶液为母液，用稀释法依次配制浓度为 5.0 mg/L、2.5 mg/L、1.0 mg/L、0.5 mg/L、0.2 mg/L 和 0.1 mg/L 的亚甲基蓝溶液于 100 mL 容量瓶中。

（3）用分光光度计测定其吸光度值（吸附波长为 665 nm），并绘制标准曲线。

2. 连续流活性炭吸附实验

（1）设置好动态活性炭吸附装置，如图 1 所示。

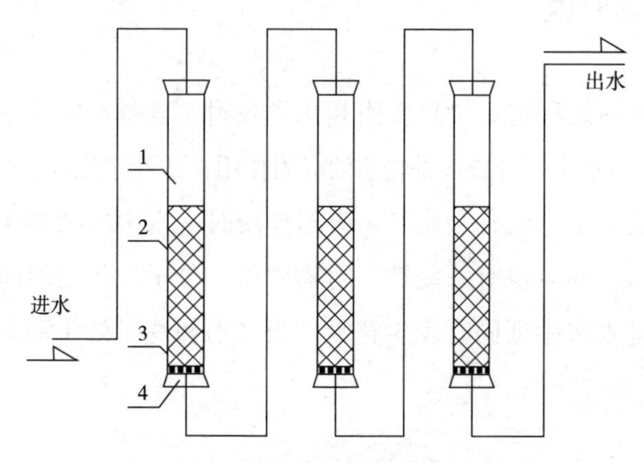

图 1　活性炭连续流吸附实验装置示意图

1—有机玻璃管；2—活性炭层；3—承托；4—单孔橡胶塞

（2）测自配污水亚甲基蓝溶液浓度。

（3）以一定的流量（如 2 L/h）按降流方式进行单柱或多柱串联实验（运行时，活性炭层不应有气泡）。运行 60 min，每隔 10 min 取样测出水吸光度，并计算去除率。

五、数据记录与处理

1. 绘制亚甲基蓝测定标准曲线

将分光光度计测定的各标准样品（不同浓度的亚甲基蓝溶液）的吸光度值记入表 1，并绘制标准曲线。

表 1　亚甲基蓝浓度测定标准曲线数据

浓度 /（mg/L）	0.1	0.2	0.5	1.0	2.5	5.0
吸光度						

2. 绘制活性炭吸附亚甲基蓝在不同流量条件下的流出曲线（t–C）和活性炭吸附亚甲基蓝的去除率与时间的关系曲线

以一定的流量（如 2 L/h）按降流方式进行单柱实验。运行 60 min，每隔 10 min 取样测出水吸光度，将结果记入表 2。

表 2　活性炭动态吸附实验结果

运行时间 /min	10	20	30	40	50	60	70
吸光度							
出水浓度 /（mg/L）							
去除率 /%							

六、思考题

（1）废水采用吸附工艺处理时，其处理效果会受哪些因素的影响？

（2）固定床、移动床、流化床吸附装置的基本运行过程是怎样的？

实验九　有机废水的生化处理实验

一、实验目的

通过学习本实验，学生可以根据评判水质效果的参数指标，初步设计废水生化处理实验方案；能根据处理工艺参数指标，如生化需氧量（BOD_5）、化学需氧量（COD_{Cr}）、活性污泥指标（SV、MLSS、SVI），找到废水的生化处理过程的主要影响因素，并优化处理工艺。

二、实验原理

1. 可生化判别方法

BOD_5/COD_{Cr} 比值法是目前被广泛用于评价废水可生化性的一种简易方法。$BOD_5/COD_{Cr}>0.45$ 表示生化性较好；$0.3<BOD_5/COD_{Cr}<0.45$ 表示可以生化；$0.2<BOD_5/COD_{Cr}<0.3$ 表示较难生化；$BOD_5/COD_{Cr}<0.2$ 表示不宜生化。

2. BOD_5 测定

采用 880 型数字式 BOD_5 测定仪测定，其测定原理为：测定仪采用空气压差法原理设计而成，当被测样品在 20 ℃ ±1 ℃条件下恒温进行 5 天培养后，经过生物氧化作用，有机物转变成氮、碳和硫的氧化物，并产生二氧化碳气体被氢氧化钠吸收，培养瓶内压力减小，通过压力传感器将变化量转为电信号，从而可以检测出被测样品 BOD_5 值。

3. COD_{Cr} 测定

采用 5B-3B 型 COD 多元速测仪，本仪器采用一种特制试剂，它含有一种复合催化剂，既可加速反应，又可对氯离子产生抗干扰作用。水样与特制试剂 D 和试剂 E 在消解器中进行快速氧化还原反应，反应后产生的三价铬离子，通过分光光度计测定其浓度，从而得出相应 COD_{Cr} 值。

三、实验设备与试剂

实验设备：5B–3B 型 COD 多元速测仪、5B–1 型 COD 消解器、SHZ–D（Ⅲ）循环水式真空泵、880 型数字式 BOD_5 测定仪和 TF–1A 型生化培养箱。

实验试剂：重铬酸钾、硫酸银、硫酸、COD_{Cr} 标准储备液和氢氧化钠。

四、实验步骤

1. 污泥沉降比（SV）的测定

取污水处理厂曝气池中的废水 100 mL 置于 100 mL 量筒中，静置 30 min，观察污泥所占体积 x mL，记下结果，即求得 $SV\%=x\%$。

2. 污泥浓度（MLSS）的测定

采用重量法，将上述量筒中的废水倒入布氏漏斗进行抽滤，将抽滤得到的污泥连同滤纸放入称量瓶中，然后放入烘箱中于 103 ℃ ±2 ℃下烘干至恒重，取出冷却、称重，记录结果并计算 MLSS。

3. COD_{Cr} 测定

将上述抽滤后的滤液收集留用，采用 COD 快速测定仪测定其 COD_{Cr} 值，具体步骤为：

（1）COD_{Cr} 测定标准曲线的绘制：

①取 COD_{Cr} 标准储备液（5000 mg/L）5 mL、10 mL、20 mL、30 mL、40 mL 和 50 mL 分别置于 250 mL 容量瓶中，用水定容至标线，摇匀，得到 COD_{Cr} 值分别为 100 mg/L、200 mg/L、400 mg/L、600 mg/L、800 mg/L 和 1000 mg/L 的标准系列。

②按照上述 COD_{Cr} 测定方法进行标准系列的 COD_{Cr} 值测定，记录 COD_{Cr} 标准系列相应的吸光度值，同时做空白实验，记算 COD_{Cr} 标准系列相应的吸光度值与空白实验的吸光度值的差值，绘制标准曲线。

（2）样品 COD_{Cr} 测定：

取水样 3.0 mL 于消解管中，摇匀后加入重铬酸钾溶液（0.500 mol/L）1.0 mL、硫酸银－硫酸溶液（10 g/L）6.0 mL，摇匀，擦干消解管的外壁，待用；打开 5B–1 型 COD 消解器，设定温度为 165 ℃，待消解器温度达到设定温度后，把消解管置于消解器中加热，消解 15 min 后取出消解管于冷却架上空冷 2 min，然后放入水槽中冷却至室温后用 5B–3B 型 COD 多元速测仪于 610 nm 处进行比色测定，记录其吸光度值，同时用蒸馏水代替水样做空白实验。

注意：如果水样 COD_{Cr} 值不在 100~1000 mg/L 范围之内，要稀释后再测定。

4. BOD_5 测定

采用 880 型数字式 BOD_5 测定仪测定。具体步骤如下：

（1）接通培养箱电源，将培养箱上温度开关拨至“设置”位置，调节温度电位器旋钮，使表头显示温度为 20 ℃，再把温度开关拨至“测量”位置（培养温度允许 ±1 ℃）。

（2）预先估计被测样品的 BOD_5 值范围，选择接近的量程。如无法估计，可先测定该样品的 COD_{Cr} 值，然后根据该样品 COD_{Cr} 值来确定该样品的 BOD_5 值（通常样品 BOD_5 值约为该样品 COD_{Cr} 值的 0.8 倍）。若样品 BOD_5 值在 0~1000 mg/L 范围内，则样品不需稀释，若样品有足够的微生物，则样品不需接种，根据估算的样品 BOD_5 值选择合适的量程，并使用干净的量杯，量出所需体积的水样倒入已清洗干净的培养瓶中，并在每只培养瓶中放入一支搅拌子。注：所需水样体积要根据预估 BOD_5 值范围来确定（表 1）。

表 1　预估 BOD_5 值范围与所需水样体积

预估 BOD_5 值范围 /（mg/L）	所需水样体积 /mL
0~40	480
0~80	400
0~200	280
0~400	180

五、数据记录与处理

（1）绘制 COD_{Cr} 标准曲线。

（2）测定待测废水的 COD_{Cr} 值、BOD_5 值。

（3）计算 BOD_5/COD_{Cr} 值，并判定该废水的可生化性。

（4）根据 SV 和 MLSS 参数值计算污泥体积指数（SVI）值，并讨论该污泥的沉降性能。

六、思考题

（1）除了采用 BOD_5/COD_{Cr} 值判定废水可生化性，还有哪些方法？

（2）影响污泥沉降吸附性能的因素有哪些？

练习题

1. [单选题] 关于 SVI 描述正确的是（ ）。

A. SVI 值较低说明活性污泥的活性较低

B. SVI 值能够反映活性污泥的凝聚性、沉降性能，此值以介于 70~100 之间为宜

C. SVI 值较高说明二沉池的污泥沉降性能好

D. SVI 的定义是混合液在量筒中静置 30 min 后形成沉淀的污泥容积占原混合液容积的百分比

2. [单选题] 下列有关污水污染指标描述正确的是（ ）。

A. 总有机碳和总需氧量的耗氧过程与生化需氧量的耗氧过程有本质不同

B. 水中所有残渣的总和称为总固体，总固体由溶解性固体、挥发性固体组成

C. 以高锰酸钾为氧化剂测得的水质 COD_{Cr} 值和以重铬酸钾为氧化剂测得的水质 COD_{Cr} 值相等

D. 污水污染指标一般可分为物理性指标、化学性指标和物理化学性指标

3. [填空题] 微生物代谢由________和________两个过程组成，是物质在微生物细胞内发生的一系列复杂生化反应的总称。

答案：1.A。

2. A。

3. 分解代谢（异化）；合成代谢（同化）。

实验十　紫外光催化降解水中的亚甲基蓝实验

一、实验目的

通过学习本实验，学生可以根据紫外光催化降解有机物的基本工作原理，了解紫外光催化降解水处理运行的基本模式及操作方法；能根据采集水样检测指标，评价该系统的运行状态。

二、实验原理

紫外技术在环境领域应用得较早，早在1878年人类就发现了太阳光中的紫外线具有杀菌消毒的作用。根据生物效应的不同，将紫外线按照波长划分为4个部分：A波段（UVA），又称为黑斑效应紫外线（320~400 nm）；B波段（UVB），又称为红斑效应紫外线（275~320 nm）；C波段（UVC），又称为灭菌紫外线（200~275 nm）；D波段（UVD），又称为真空紫外线（10~200 nm）。水消毒主要采用的是C波段紫外线。研究表明，紫外线主要是通过对微生物（细菌、病毒、芽孢等病原体）的辐射损伤和破坏核酸的功能使微生物致死，从而达到消毒的目的。因而，紫外光（UV）辐照普遍应用于饮用水消毒处理中，其存在以下优点：

（1）消毒速度快，效率高。紫外线消毒能够非常有效地杀死细菌、病毒、芽孢等有害物质，杀菌具有广谱性，能去除液氯法难以杀死的芽孢和病毒。

（2）紫外线消毒是一个物理过程，同化学消毒相比较，避免了产生、处理、运输中存在的危险性和腐蚀性。传统方法中的氯气、二氧化氯等气体对人体都有危害，很多污水处理厂处在人口稠密的市区，一旦发生泄漏，后果非常严重，这些消毒物质的产生过程都较为复杂，对运输过程要求较高。

（3）不产生对人类和水生生物有害的残留物。氯气消毒后会产生二次污染，产生的有机物对人体具有致癌作用，对水中的生物和环境也会造成危害。

（4）紫外线消毒操作简便，对周围环境和操作人员而言相对安全可靠，且便于管理，易于实现自动化。

（5）紫外线消毒同其他消毒方式相比较，接触时间很短，通常在0.5 min以内，所需空间更小，可以节省大量土地和土建投资，对于处在市区的污水处理厂的消毒是非常有利的。实验结果证实，经紫外线照射几十秒即能杀菌，一般大肠杆菌的平均去除率可达98 %，细菌总数的平均去除率为96.6 %。

（6）不影响水的物理性质和化学成分，不增加水臭和浊度。

紫外光辐射除广泛应用于饮用水杀菌消毒之外，其本身也具有一定的氧化能力和降解能力，一些物质在紫外光照射下会发生分解。但单纯使用紫外光进行污染物降解存在一些局限性。首先反应时间较长，其次设备基建成本较高，因此紫外光一般不应用于污染物的直接降解；此外，紫外线属于高能短波，可以打开氧化物质中的过氧键（O═O），诱导氧化物质产生具有高氧化能力的自由基，构成具有高氧化能力和降解能力的复合反应体系。目前，研究最为广泛的联用氧化剂主要有3种，分别为H_2O_2、PMS及PDS，三者的分子结构中均含有O═O，这意味着它们均能够被紫外光活化产生强氧化性的SO·或者·OH。近年来，利用活化过硫酸盐的高级氧化技术降解难降解的有机物成为一个新的研究热点。而紫外光辐照作为饮用水消毒技术，实践证明是一种高效且相对绿色的工艺。而基于紫外光的高级氧化水处理技术已经被广泛应用于有机污染物的去除研究与运用中。其作用机理如图1所示。由于产生了氧化性非常强的羟基自由基（•OH）、超氧离子自由基（$•O_2^-$）及硫酸根自由基（$SO_4^-•$），所以能够将各种有机物直接或逐步氧化成CO_2、H_2O等无机小分子。

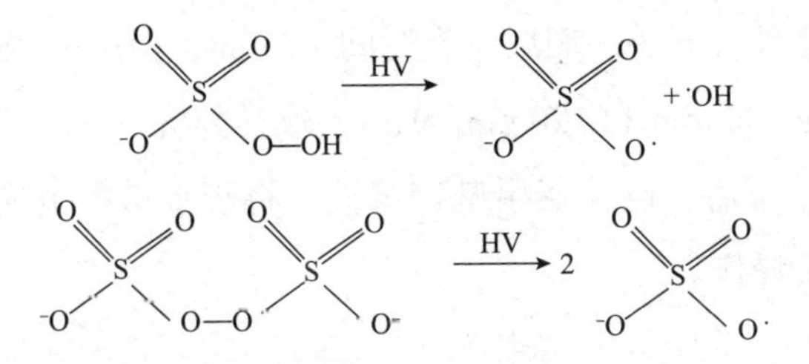

图1 有机物分解机理

三、实验设备与试剂

实验设备：本实验采用成套装置，采用循环水泵使被处理废水循环，通过流量计控制废水流经紫外灯的流速（紫外光降解实验流程如图2所示）；分光光度计；容量瓶（100 mL）。

实验试剂：亚甲基蓝、过硫酸盐。

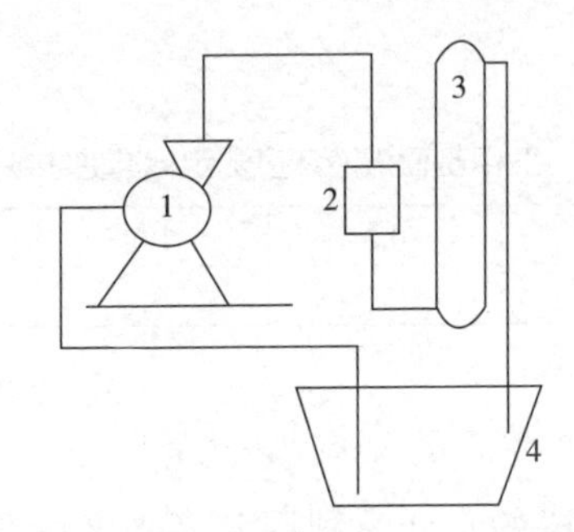

图2 紫外光降解实验流程简图

1—水泵；2—流量计；3—光反应器；4—废水槽

四、实验步骤

（1）取一定体积（3L）10 mg/L 的亚甲基蓝溶液置于循环反应槽中。

（2）加入一定量的过硫酸盐（0.15g /L），并搅拌均匀。

（3）打开循环泵开关，使废水槽中的亚甲基蓝废水循环进入反应器，调节流量计至适度的流量，并记录该流量值。

（4）打开紫外灯开关，照射一定时间（5 min、10 min、20 min、30 min、40 min、60 min、90 min 和 120 min、）后，取样分析。

（5）实验结束后，倒掉亚甲基蓝溶液，将废水槽中更换为清水，打开循环泵进行清洗操作。

五、数据记录与处理

1. 亚甲基蓝标准曲线绘制

（1）配制浓度为 50 mg/L 的亚甲基蓝溶液于 100 mL 容量瓶中。

（2）以 50 mg/L 亚甲基蓝溶液为母液，采用稀释法依次配制浓度为 5.0 mg/L、2.5 mg/L、1.0 mg/L、0.5 mg/L 和 0.2 mg/L 的亚甲基蓝溶液于 100 mL 容量瓶中。

（3）用分光光度计测定其吸光度值（吸附波长为 665nm），记入表 1，并绘制标准曲线。

表 1　亚甲基蓝溶液浓度测定标准曲线数据

浓度 /（mg/L）	0.2	0.5	1.0	2.5	5.0
吸光度					

2. 不同时间段采集样品的测定

采集不同反应时间段的水样，利用分光光度计测定吸光度，根据已绘制的标准曲线，求出水样中亚甲基蓝的浓度，并根据公式计算亚甲基蓝的降解率，所有实验结果记入表 2，并绘制亚甲基蓝紫外光催化降解率与时间的关系变化曲线。

表 2　紫外光对水体中亚甲基蓝的降解效果

取样时间 /min	吸光度	亚甲基蓝浓度 /（mg/L）	降解率 /%
5			
10			
20			
30			

（续表）

取样时间 /min	吸光度	亚甲基蓝浓度 /（mg/L）	降解率 /%
40			
60			
90			
120			

降解率计算公式：

$$\eta=（C_0-C_t）/C_0 \times 100\%$$

式中 C_0——原亚甲基蓝溶液的浓度；

C_t——不同时间段采集样品中亚甲基蓝的浓度。

六、思考题

（1）紫外光催化降解法处理废水的优点是什么？

（2）水中亚甲基蓝的浓度对降解率有无影响？

练习题

1. [填空题] 废水的高级氧化处理工艺具有______、______和______等特点。

2. [判断题] OH• 是具有活性的氧化剂之一，在高级氧化工艺中起主要的作用。（ ）

3. [多选题] UV/TiO_2 工艺处理废水存在的主要缺点包括（ ）。

A. 对紫外光的吸收范围较窄

B. 光能利用率低

C. 电子 – 空穴复合率高

D. 量子产率低

答案： 1. 高氧化性；反应速率快；提高废水中有机物的可生化降解性。

2. √。

3. ABCD。

第二章

大气污染控制工程实验

实验一　粉尘真密度和粒径分布的测定

一、实验目的

通过学习本实验，学生能够应用比重瓶法测定不同粉尘的真密度，理解粉尘的真密度、堆积密度与空隙率等基本概念的区别及联系，分析引起真密度测量误差的影响因素；能应用显微镜法测定粉尘粒径分布，绘制个数分布和质量分布曲线，理解粉尘粒径、粒径分布、特征粒径等概念。

二、比重瓶法测定粉尘真密度

1. 实验原理

先将一定量的试样（如滑石粉）用天平称量，然后放入比重瓶中，用液体浸润粉尘，再放入真空干燥器中抽真空，排除粉尘颗粒间隙中的空气，从而得到粉尘试样在真密度条件下的体积。然后根据质量和体积即可计算得到粉尘的真密度。

设比重瓶的质量为 m_0，容积为 V_s，瓶内充满已知密度 ρ_s 的液体，则总质量为 m_1。

$$m_1 = m_0 + \rho_s V_s \tag{1}$$

当瓶内加入质量为 m_c，体积为 V_c 的粉尘试样后，瓶中减少了 V_c 体积的液体，此时总质量为 m_2：

$$m_2 = m_0 + \rho_s \left(V_s - V_c\right) + m_c \tag{2}$$

则粉尘试样的体积 V_c 可根据式（1）和式（2）表示为：

$$V_c = \frac{m_1 - m_2 + m_c}{\rho_s} \tag{3}$$

所以，粉尘的真密度为：

$$\rho_c=\frac{m_c}{V_c}=\frac{m_c}{m_1-m_2+m_c}\cdot\rho_s=\frac{m_c}{m_s}\cdot\rho_s \tag{4}$$

式中 m_s——排除液体的质量，kg 或 g；

m_c——粉尘质量，kg 或 g；

m_1——比重瓶加液体的质量，kg 或 g；

m_2——比重瓶加液体和粉尘的质量，kg 或 g；

V_c——粉尘真体积，m^3 或 cm^3。

2. 实验装置和设备

比重瓶：100 mL，3 只；分析天平：0.1 mg，1 台；真空泵：真空度大于 0.9×10^5 Pa，1 台；烘箱：0~150 ℃，1 台；真空干燥器：300 mm，1 只；滴管：1 支；烧杯：250 mL，1 只；滑石粉试样、蒸馏水、纸巾若干。

3. 实验步骤

（1）将一定量的粉尘试样（约 25 g）放在烘箱内，置于 105 ℃下烘干至恒重（每次称重必须将粉尘试样放在干燥器中冷却到常温）。

（2）将比重瓶洗净，编号，烘干至恒重，用分析天平称重，记下质量 m_0。

（3）将比重瓶加蒸馏水至标记（磨口与透明交接处），擦干瓶外表面的水再称重，记下瓶和水的质量 m_1。

（4）将比重瓶中的水倒去，加入粉尘 m_c（比重瓶中的粉尘试样不少于 20 g）。

（5）用滴管向装有粉尘试样的比重瓶中加入蒸馏水至比重瓶容积的一半左右，使粉尘润湿。

（6）把装有粉尘试样的比重瓶和装有蒸馏水的烧杯一同放入真空干燥器中，盖好盖子，抽真空。保持真空度在 98 kPa（0.09~0.10 MPa）下 15~20 min，以便水充满所有粉尘间隙，同时去除烧杯内蒸馏水中可能存在的气泡。

（7）停止抽气，通过三通阀向真空干燥器缓慢进气，待真空表恢复常压指示后，打开真空干燥器，取出比重瓶和蒸馏水杯，将蒸馏水加入比重瓶至标记，擦干瓶外表面的水后称重，记下其质量 m_2。

（8）将测试数据记入表 1。

表 1 粉尘真密度测定数据记录表

粉尘名称：

编号	粉尘质量（m_c）/g	比重瓶质量（m_0）/g	比重瓶加水的质量（m_1）/g	比重瓶加水和粉尘的质量（m_2）/g	粉尘真密度（ρ_c）/（kg/m^3）
1					
2					
3					
平均					

4. 实验结果计算

将测定数据代入

$$\rho_c = \frac{m_c}{V_c} = \frac{m_c}{m_1 - m_2 + m_c} \cdot \rho_s$$

做 3 个平行样，要求 3 个平行样的测定结果绝对误差不超过 ± 0.02 g/cm^3。

5. 讨论

（1）影响测定真密度的主要因素是什么?

（2）粉尘真密度测定还有哪些方法?（具体讲述 1 种）

三、显微镜法测定粉尘粒径分布

1. 实验原理

采用显微镜法可以对单个颗粒进行测量，还可以直观研究颗粒外表形态，是粒径分析的基本方法之一。测试时，首先将预测粉末样品分散在载玻片上，并将载玻片置于显微镜载物台上。通过选择合适的物镜、目镜放大倍数和配合调节焦距直到粒子的轮廓清晰。粒径的大小用标定过的目镜测微尺测量，样品粒径的范围过宽时，可通过变换镜头放大倍数或配合筛分进行。观测若干视场，当计数粒子足够多时，测量结果可以反映粉尘的粒径分布。

2. 实验装置和设备

显微镜；标准测微尺；载玻片、盖玻片；牙签若干；测试样品。

3. 实验步骤

（1）样品制备：可采用自然沉降法或滤膜溶解涂片法。自然沉降法：将含尘空气采集在沉降器内，使尘粒自然沉降在盖玻片上，在显微镜下测定；滤膜溶解涂片法：采样后的滤膜溶解于有机溶剂中，形成粉尘粒子的混悬液，制成标本，在显微镜下测定。

（2）显微镜放大倍数的选择：一般选取物镜放大倍数为 40 倍，目镜放大倍数为 10~15 倍，总放大倍数为 400~600 倍，也可用更高些的放大倍数。

（3）目镜测微尺的标定：目镜测微尺用于测量尘粒粒径，被置于目镜镜筒中。它每一分格所度量尺寸的大小，与显微镜的目镜与物镜的放大倍数有关，使用前必须用物镜测微尺标定。物镜测微尺是一标准刻度尺，其每一小刻度为 10 μm。

（4）测定：取下物镜测微尺，将样品放在显微镜载物台上，调好焦距，用目镜测微尺度量尘粒尺寸并计数。测定尘粒的投影定向粒径，常用的观测方法有两种：一是在一固定视野范围内，计测所有尘粒；二是以目镜测微尺的刻度尺为基准，向一个方向移动粉尘样品，计测所有通过刻度尺范围内的尘粒。观测时，对尘粒不应有所选择，每次需计测 300 粒以上，至少测两次。

（5）原始记录：为方便记录，观测时可以计数颗粒占据测微尺的格数，按照表 2 进行登记。为了简便，可采用画“正”字进行计数，属于同一区间的颗粒数相加。

表 2　粒径测定原始记录表

格数	0~1	1~3	3~5	……	总计
颗粒个数	正	正 正 ……	正 正 正		
小计					

4. 实验结果计算

根据粒径测定原始记录进行计算，结果填于表 3。绘制颗粒个数分布直方图、个数累计频率分布曲线和个数频率密度分布曲线，并在图中标注中位粒径 d_{50} 和众径 d_d。

表 3 计算结果表

分级号	粒径范围（d）/μm	颗粒个数（n_i）/个	个数频率（f_i）	间隔上限粒径（d_p）/μm	个数筛下累计频率（F_i）	粒径间隔（Δd_p）/μm	个数频率密度（p）/μm^{-1}
1							
2							
3							
……							

5. 讨论

（1）粒径分布在除尘技术中多用质量分布表示，质量分布和个数分布之间有什么差别和关联？

（2）关于颗粒物粒径分布测定的先进仪器有哪些？原理是什么？（至少讲述 1 种）

练习题

1. [单选题] 关于颗粒物的粒径分布，（ ）的说法是不正确的 。

A. 按照分布的不同，粒径分布可分为个数分布、质量分布和表面积分布

B. 除尘技术中大多采用表面积分布表示方法

C. 粒径分布的表示方法有表格法、图形法和函数法

D. 函数法是粒径分布比较理想的表示方法，但是由于影响因素较多，较难确定

2. [单选题] 大气环境中颗粒物粒径分布的经典模型是（ ）。

A. 单模态分布　　B. 双模态分布

C. 三模态分布　　D. 正态分布

3. [单选题] 为研究粉尘在气体中的运动、分离和去除，应考虑粉尘的（ ）。

A. 真密度 B. 堆积密度

C. 孔隙率 D. 比表面积

答案： 1. B。

2. C。

3. A。

实验二　烟气流量、含尘浓度及旋风除尘器净化效率测定

一、实验目的

学习本实验，学生能够使用烟尘采样仪进行烟气状态（温度、压力、含湿量等参数）的测量，并根据测量结果计算烟气流速、流量等参数；测定旋风除尘器的净化效率、压力损失、处理风量等性能指标，并分析影响旋风除尘器性能的主要因素，如入口风速与阻力、入口浓度等；分析全效率、分级效率之间的关系，说明粒径大小等因素对旋风除尘器净化效率的影响，进而总结影响旋风除尘器运行效果的条件因素。

二、烟气流量及含尘浓度测定

1. 实验原理

1）采样位置选择

正确地选择采样位置和确定采样点的数目对采集有代表性的并符合测定要求的样品是非常重要的。采样位置应取气流平稳的管段，原则上避免弯头部分和断面形状急剧变化部分，与其距离至少是烟道直径的 1.5 倍，同时要求烟道中气流速度在 5 m/s 以上。而采样孔和采样点的位置主要根据烟道的大小及断面的形状而定。

圆形烟道采样点分布如图 1 所示。将烟道的断面划分为适当数目的等面积同心圆环，各采样点均在等面积的中心线上，所分的等面积圆环数由烟道的直径大小而定。

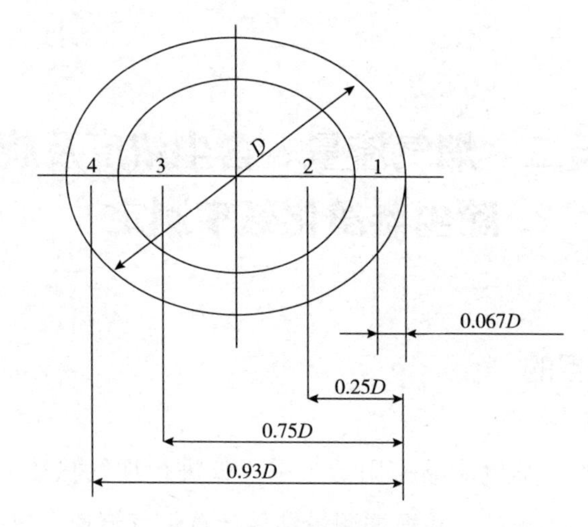

图1　圆形烟道采样点分布

2）烟气状态参数测定

烟气状态参数包括压力、温度、相对湿度和密度。

（1）压力。测量烟气压力的仪器为S形毕托管和倾斜压力计。S形毕托管一个开口面向气流，测得全压；另一个开口背向气流，测得静压；两者之差便是动压，由于受背向气流的开口上吸力影响，所得静压与实际值有一定误差，因而事先要加以校正（图2）。

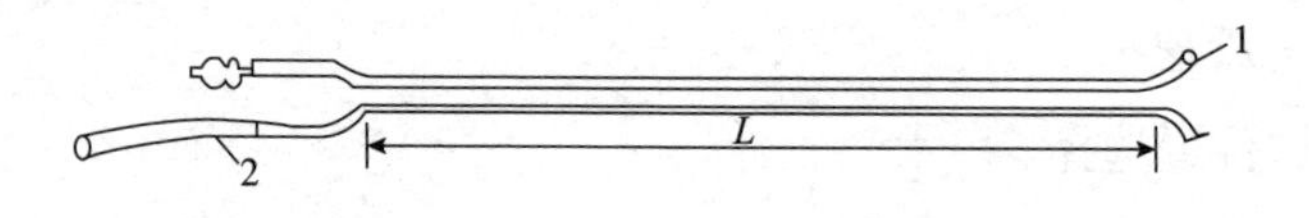

图2　S形毕托管的构造示意图

1—开口；2—接橡皮管

（2）温度。烟气的温度通过热电偶和便携式测温毫伏计的联用来测定。

（3）相对湿度。烟气的相对湿度可用干湿球温度计直接测得。

（4）密度。干烟气密度由式（1）计算：

$$\rho_g = \frac{p}{RT} = \frac{p}{287T} \tag{1}$$

式中　ρ_g——烟气密度，kg/m^3；

p——大气压力，Pa；

T——烟气温度，K。

3）烟气流速计算

（1）烟气流速计算。当干烟气组分同空气近似，露点温度在35~55 ℃，烟气绝对压力在 0.99×10^5~1.03×10^5Pa时，可用式（2）和式（3）计算烟气流速：

$$v_0 = 2.77K_p\sqrt{T}\sqrt{p} \tag{2}$$

式中 v_0——烟气流速，m/s；

K_p——毕托管的校正系数，$K_p = 0.84$；

T——烟气底部温度，℃；

$\sqrt{p}$——各动压方根平均值，Pa。

$$\sqrt{p} = \frac{\sqrt{p_1}+\sqrt{p_2}+\cdots+\sqrt{p_n}}{n} \tag{3}$$

式中 p_n——任一点的动压值，Pa；

n——动压的测点数。

（2）烟气流量计算。烟气流量计算公式：

$$Q_s = Av_0 \tag{4}$$

式中 Q_s——烟气流量，m^3/s；

A——烟道进口截面积，m^2。

4）烟气含尘浓度测定

对污染源排放的烟气颗粒浓度的测定，一般采用从烟道中抽取一定量的含尘烟气，由滤筒收集烟气中颗粒后，根据收集尘粒的质量和抽取烟气的体积求出烟气中尘粒浓度。为取得有代表性的样品，必须进行等动力采样，即尘粒进入采样嘴的速度等于该点的气流速度，因而要预测烟气流速再换算成实际控制的采样流量。

另外，在水平烟道中，由于存在重力沉降作用，较大的尘粒有偏离烟气流线向下运动的趋势，而在垂直烟道中尘粒分布较均匀，因此应优先选择在垂直管段取样。

图 3 为烟尘采样系统示意图。根据滤筒在采样前、后的质量差及采集的总气量，可以计算出烟气含尘浓度。应当注意的是，需要将采样体积换算成环境温度和压力下的或者标况下的体积。

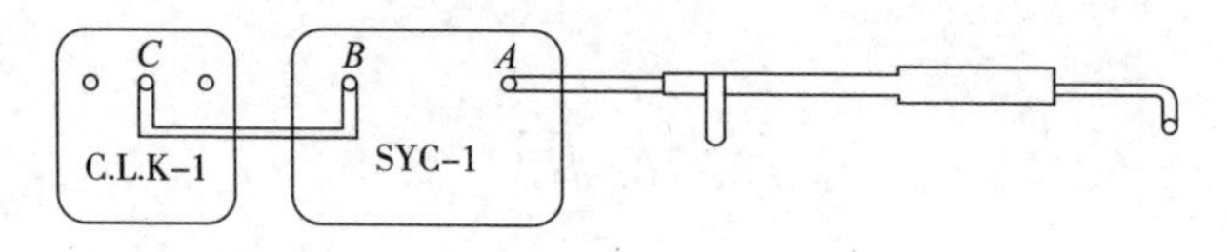

图 3　烟尘采样系统示意图

$$V_t = V_0 \frac{273 + t_\tau p_a}{273 + t p_\tau} \tag{5}$$

式中　V_t——环境条件下的采样体积，L；

V_0——现场采样体积，L；

t_τ——测烟仪温度表的读数，℃；

t——环境温度，℃；

p_a——大气压力，Pa；

p_τ——测烟仪压力表读数，Pa。

5）空气中粉尘浓度测定

微电脑激光粉尘仪（LD–3C）为根据光散射测尘原理设计。当含尘空气由环形采样口吸入，经切割器分离，除去粗大粒子，进入检测器暗室，暗室中的粉尘在激光照射下产生散射光，经前向接收并转换成与散射光强度及粉尘浓度成正比的每分钟脉冲计数，即粉尘的相对质量浓度 R（CPM）。仪器的微处理器，可根据式（6）计算出粉尘质量浓度。

$$C=(R-B)K \tag{6}$$

式中　K——质量浓度转换系数，mg/（m^3·CPM）；

B——仪器的基底位，CPM。

2. 实验仪器和设备

S 形毕托管，1 支；微电脑自动烟尘烟气分析仪：TH-880W，1 套；玻璃纤维滤筒，若干；镊子，1 支；分析天平：分度值 0.001 g，1 台；烘箱，1 台；橡胶管，若干。

3. 实验方法和步骤

1）烟气含尘浓度测定

（1）滤筒的预处理。

测试前，先将滤筒编号，然后在 105 ℃烘箱中烘 2 h，取出后置于干燥器内冷却 20 min，再用分析天平测得初重并记录。

（2）采样位置的选择。

根据烟道的形状和尺寸确定采样点数目和位置。

（3）烟气状态和环境参数的测定。

（4）烟尘采样。

①把预先干燥、恒重、编号的滤筒用镊子小心地装在采样管的采样头内，再把选定好的采样嘴装到采样头上。

②根据每一个采样点的烟气流速和采样嘴的直径计算相应的采样控制流量。

③将采样管连接到烟尘浓度测试仪上，调节流量计使其流量为采样点的控制流量，找准采样点位置，将采样管插入采样孔，使采样嘴背对气流预热 10 min，后转动 180°，即采样嘴正对气流方向，同时打开抽气泵的开关进行采样。

④逐点采样完毕后，关掉仪器开关，抽出采样管，待温度降下后，小心地取出滤筒保存好。

⑤采尘后的滤筒称重。将采集尘样的滤筒放在 105℃烘箱中烘 2 h，取出置于玻璃干燥器内冷却 20 min 后，用分析天平称重。

⑥计算各采样点的烟气含尘浓度。

2）空气中粉尘浓度测定

（1）打开仪器：将仪器模式选择旋钮打在 3 挡（1 分钟挡），电源开关按到“开”位，显示屏顺序显示“月、日”→“时、分”→“0.001”。

（2）仪器自校（灵敏度调整）：用内装标准散射板对散射光进行测定，使显示值调整到检验表记载的内装散射板值（S 为 0.445），以消除系统误差。

（3）浓度测定：校准切换钮处在测量位置，按开 / 停键，此时显示屏左上角出现标识，测量结束该标识消失，显示数值即空气中粉尘浓度。

4. 实验结果及讨论

（1）烟气含尘浓度测定结果见表 1。

表 1　烟气含尘浓度测定结果

项目	环境温度 / ℃	烟气温度 / ℃	烟气湿度 / （kg/cm^3）	采样流量 / （mg/m^3）	采样时间 / min	采样体积 / L	滤筒初重 / g	滤筒总重 / g	含尘浓度 / （mg/L）
结果									

（2）空气中粉尘 /CO_2 浓度测定结果见表 2。

表 2　空气中粉尘 /CO_2 浓度测定结果

地点	教室	实验室	食堂	校园中 1	校园中 2	校医院北边	校门口外
粉尘浓度 / （mg/m^3）							
CO_2 浓度 /ppm							

（3）结果分析与讨论：试根据烟气含尘浓度测定结果和空气中粉尘 /CO_2 浓度测定结果，分析环境温度、湿度等对含尘浓度有什么影响？总结不同环境中粉尘 /CO_2 浓度的分布规律。

三、旋风除尘器除尘效率测定

1. 实验原理

（1）处理气量：

测定除尘器进口、出口的气体流量（$q_{V,1N}$、$q_{V,2N}$），取其平均值作为除尘器的处理气量：

$$q_{V,N}=\frac{1}{2}(q_{V,1N}+q_{V,2N})$$

（2）漏风率：

$$\delta=\frac{q_{V,2N}-q_{V,1N}}{q_{V,1N}}\times 100\%$$

（3）压力损失：

本实验装置中除尘器的进口、出口连接管道的断面积相等，故其压力损失 Δp 可用除尘器进口、出口连接管道中气体的平均静压差表示：

$$\Delta p=\Delta p_{12}-\Sigma\Delta p_{i}$$

式中 Δp——除尘器压力损失，Pa；

Δp_{12}——除尘器进口、出口连接管道中气体的平均静压差，Pa；

$\Sigma\Delta p_{i}$——除尘器系统的管道压力损失之和，Pa。

除尘器的压力损失随着操作条件的不同而不同，因此记录压力损失时，要同时记录相关的操作条件。

（4）除尘效率：

$$\eta=1-\frac{\rho_2}{\rho_1}\frac{q_{V,2N}}{q_{V,1N}}\times 100\%$$

式中 ρ_1、ρ_2——除尘器进口、出口气流含尘浓度，g/m^3。

除尘器的除尘效率随着操作条件的不同而不同，因此记录压力损失时，要同时记录相关的操作条件。

2. 实验装置和仪器

旋风除尘器性能测定实验装置；微电脑自动烟尘烟气分析仪；烟尘采样管；毕托管；分析天平；干燥器；滤筒等。

3. 实验方法和步骤

（1）启动风机，通过发尘装置均匀地加入粉尘。由于实验装置中的进气管和排气管的尺寸较小，均只在管道中心处取一个采样点（如果实际烟道的尺寸较大，需布置多个采样点，按各点的流量和采样时间逐点采集尘样）。利用烟尘采样系统分别对除尘器的进口和出口气流进行采样，连续采样 3 次，取平均值，并计算除尘效率。

（2）改变调节阀开启程度，重新采样，确定除尘器不同工况下的性能参数。

4. 实验数据记录与处理

除尘器不同工况下的性能参数见表 3。

表 3　除尘器不同工况下的性能参数

测定次数	除尘器进口						除尘器出口						除尘效率 /%
	采样流量 /（L/min）	采样时间 /min	采样体积 /L	滤筒初质量 /g	滤筒总质量 /g	粉尘浓度 /（mg/L）	采样流量 /（L/min）	采样时间 /min	采样体积 /L	滤筒初质量 /g	滤筒总质量 /g	粉尘浓度 /（mg/L）	
1													
2													
3													

5. 实验结果与讨论

试分析影响旋风除尘器除尘效率的因素有哪些？

练习题

1. [单选题] 烟道粉尘采样时，含尘烟气进入采样嘴速度与烟道内该点烟气速度的关系是（　）。

A. 采样速度等于烟气速度　　B. 采样速度大于烟气速度

C. 采样速度小于烟气速度　　D. 以上都不对

2. [单选题] 对于旋风除尘器，在一定范围内提高进气管流速，可以（　）除尘效率。

A. 降低　　B. 提高

3. [多选题] 对于微电脑烟尘烟气分析仪，在使用前，要对（　）等传感器进行调零操作。

A. 动压　　B. 计压　　C. 流量　　D. 温度

答案： 1. A。

2. B。

3. ABC。

实验三　文丘里除尘器除尘效率的影响因素研究

一、实验目的

通过学习本实验，学生能够描述文丘里除尘器和旋风除尘器的构造特征；解释文丘里除尘器和旋风除尘器的工作过程及原理；分析气体含尘浓度等因素对除尘效率的影响，进而评价除尘器除尘效率及性能。

二、实验原理

文丘里除尘器是一种高效高能耗湿式除尘器（可除去1 μm以下粒径的尘粒），由收缩管、喉管、扩散管组成。含尘气体高速通过喉管，水在喉管处注入并被通过这里的高速含尘气流撞击成雾状液滴，气体中的尘粒之间、尘粒与液滴之间通过碰撞、凝并、凝聚等作用过程形成较大带水颗粒，并在随气流进入后续的旋风器中与气体分离。在旋风分离器中，切向进入的含尘水滴和气流以一定的流动速度在旋风除尘装置内壁上做旋转运动，粒子在随气流的旋转中获得离心力，而被甩向旋风除尘器内桶壁从气流中分离出来，附积在筒壁上的还有颗粒物的液体，由于重力作用而流向下方的储槽。通过固液分离后，清液返回并注入文丘里除尘器的喉管处，泥灰浆定期外排。

三、实验仪器及设备

文丘里－旋风除尘器组合装置，上海大有仪器设备有限公司；其他实验室常用仪器设备（图1）。

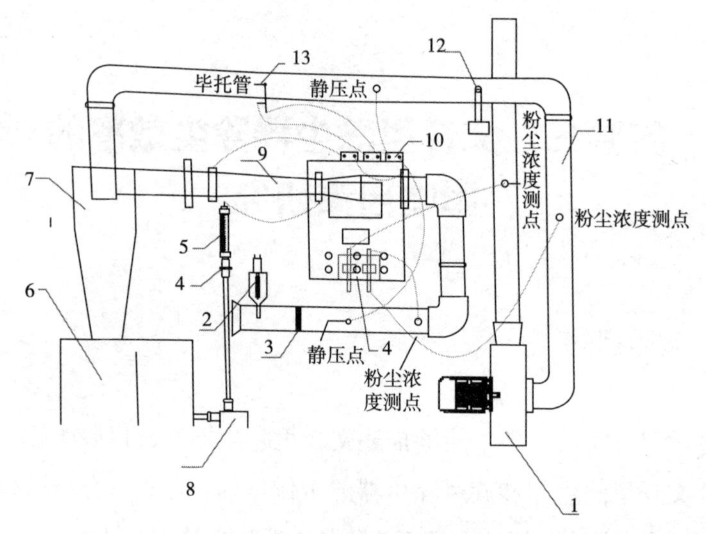

图1　实验装置结构示意图

1—风机；2—粉尘发尘器；3—引风机；4—液体流量调节阀；5—液体流量计；6—水箱；7—旋风除尘器；8—水泵；9—文丘里管；10—风压变送器；11—风管；12—温湿度传感器；13—毕托管

四、实验内容与步骤

（1）首先检查设备系统外况和全部电气连接线有无异常（如管道设备有无破损，是否安装紧固等），正常后开始操作。

（2）打开电控箱启动开关，在彩色触摸屏上选择进入系统。

（3）实验开始前，确保水箱内水量达到总容量的3/4时，启动循环水泵，通过阀门调节文丘里除尘器喉管处喷水的流量，控制喷雾头喷水效果。

（4）将一定量的粉尘加入自动发尘装置灰斗，然后点击屏幕上的粉尘分布器启动按钮，启动自动发尘装置电机，调节转速，控制加灰速率。

（5）点击首页界面上的风机电源启动按钮，调节适当的变频器频率，点击风机启动开关，调节风机变频器开关至45 Hz、40 Hz、35 Hz分别进行实验。

（6）点击屏幕上水泵启动开关，开始记录实验数据。

（7）一段时间后，读取实验系统自动采集到的风量、风速、风压、除尘效率、粉尘出入口浓度、环境空气温度和湿度数据，也可启动打印按钮，打印数据。

（8）调节风机变频器频率，启动发尘装置，进行不同处理气体量、不同发尘浓度下的实验；调节水流量和文丘里除尘器喉管处气体流速，进行不同液气比、不同气速下的实验。

（9）长时间进行实验时，需将水箱内的水进行实时更换，防止灰尘在洗涤液中循环累积。

（10）实验完毕后，依次点击屏幕上的停止按钮，关闭粉尘分布器、风机，最后关闭水泵。

（11）放空水箱，再用清水和循环泵对系统进行清洗。

（12）关闭控制箱上的电源，检查设备状况，确保没有问题后离开。

五、数据记录

研究不同运行参数（工况）下的除尘效果，具体数据记录见表 1。

表 1　不同运行参数（工况）下的效果

环境温度		环境湿度	
工况 1			
风量		风速	
粉尘进口浓度		粉尘出口浓度	
风压		除尘效率	
环境温度		环境湿度	
工况 2			
风量		风速	
粉尘进口浓度		粉尘出口浓度	
风压		除尘效率	
环境温度		环境湿度	
工况 3			
风量		风速	
粉尘进口浓度		粉尘出口浓度	
风压		除尘效率	
环境温度		环境湿度	

六、实验结果与讨论

（1）根据实验结果，试讨论哪些因素会影响文丘里除尘器的除尘性能？

（2）结合实验结果与现象，试分析影响文丘里－旋风除尘器组合装置压力损失的因素有哪些？

练习题

1. [单选题] 液气比是影响文丘里除尘器除尘性能的重要因素之一，下列说法正确的是（ ）。

   A. 越大越好　　B. 越小越好

   C. 存在一个最佳值　　D. 以上都不对

2. [单选题] 文丘里湿式除尘器适合处理高温高湿的烟气吗？（ ）

   A. 适合　　B. 不适合　　C. 以上都不对

3. [多选题] 根据实验结果，试分析降低文丘里－旋风除尘器组合装置动力消耗的主要途径有（ ）。

   A. 提高雾化质量　　B. 控制合适的液气比　　C. 提高装置气密性

答案： 1. C。

2. A。

3. ABC。

实验四　环境空气中氮氧化物和臭氧的日变化曲线

一、实验目的

通过学习本实验，学生能够应用盐酸萘乙二胺分光光度法测定空气中的氮氧化物浓度，分析不同时段氮氧化物浓度变化的原因；应用靛蓝二磺酸钠分光光度法测定空气中的臭氧浓度，分析不同时段臭氧浓度变化的原因，并深度分析臭氧浓度与氮氧化物浓度之间的关系。

二、盐酸萘乙二胺分光光度法测定氮氧化物浓度

1. 实验原理

在采集空气中氮氧化物时，先用三氧化铬将一氧化氮等低价氮氧化物氧化成二氧化氮；二氧化氮与吸收液中的对氨基苯磺酸发生重氮化反应，再与N-（1-萘基）乙二胺盐酸盐作用，生成粉红色的偶氮染料，于波长540~545nm范围用分光光度计测定其吸光度。

2. 实验装置和试剂

大气采样器；分光光度计；棕色多孔玻璃吸收管；双球玻璃管（装氧化剂）；干燥管；具塞10 mL比色管；10 mm比色皿；1 mL移液管；500 mL、1000 mL容量瓶；N-（1-萘基）乙二胺盐酸盐；对氨基苯磺酸；冰乙酸；亚硝酸盐。

3. 实验步骤

1）试剂配制

（1）N-（1-萘基）乙二胺盐酸盐储备液：ρ=1.0 g/L。称取0.5 g N-（1-萘基）乙二胺盐酸盐，溶于水，转移至500 mL容量瓶中，定容至刻度线。放于密闭棕色试剂瓶中，在冰箱中保存可以稳定3个月。

（2）显色液：称取 5.0 g 对氨基苯磺酸，溶解于热水中，冷却至室温，转移至 1000 mL 容量瓶中，加入 50.0 mL N-（1- 萘基）乙二胺盐酸盐溶液，再加入 50.0 mL 冰乙酸，定容至刻度线。存放于密闭棕色试剂瓶中，在 25 ℃以下避光保存，可以稳定存放 3 个月。

（3）吸收液：在使用时，将显色液与水按照 4∶1（体积比）混合，即吸收液。

（4）亚硝酸盐标准储备液：250 mgNO^{2-}/L。准确称取 0.3750 g 干燥恒重的亚硝酸钠，溶于水，转移至 1000 mL 容量瓶中，用水稀释至标线。存放于棕色密闭试剂瓶中。

（5）亚硝酸盐标准使用液：2.5 mgNO^{2-}/L。准确吸取亚硝酸盐标准储备液 1.0 mL 于 100 mL 容量瓶中，用水稀释至标线。临用现配。

（6）三氧化铬 – 石英砂氧化管：取 20~40 目的石英砂约 20 g，用盐酸溶液浸泡一夜，再通过水洗洗至中性，烘干。把三氧化铬和石英砂按 1∶40 的质量比混合，可加少量水调匀，放在红外灯或烘箱里于 105 ℃下烘干，烘干过程中可适当搅拌。制备好的三氧化铬 – 石英砂是松散的，若有黏结，可适当加一些石英砂重新制备。取制备好的三氧化铬 – 石英砂 8 g 左右装入双球玻璃管中，两端用少量脱脂棉塞好，放在干燥管中保存，使用时氧化管与吸收管之间用一小段乳胶管连接，采集的气体尽可能地少与乳胶管接触，以防氮氧化物被吸附。

2）标准曲线的绘制

取 7 支 10 mL 具塞比色管，按照表 1 制备亚硝酸盐标准使用液。

表 1　亚硝酸盐标准使用液

管号	0	1	2	3	4	5	6
亚硝酸盐标准使用液 /mL	0	0.1	0.2	0.3	0.40	0.5	0.6
水 /mL	1.0	0.9	0.8	0.7	0.60	0.5	0.4
显色液 /mL	4.0	4.0	4.0	4.0	4.00	4.0	4.0
比色管中二氧化氮的质量 / μg	0	0.5	1.0	1.5	2.0	2.5	3.0

各管混合均匀，于暗处放置 15 min（室温低于 20 ℃时放置 40 min 以上），用 10 mm 比色皿，在波长 540nm 处，以水为参比，测量吸光度。以扣除空白后的吸光度（*A* 校正），对应 NO^{2-} 的质量（μg），绘制标准曲线。

3）样品采集

用一个内装 5 mL 采样液的多孔玻璃板采样管，接上氧化管，并使管口微微向下倾斜，朝向风向，避免潮湿空气将氧化管弄湿而污染吸收液。以 0.3 L/min 的流量抽取空气 30~40 min，直到吸收液呈浅玫瑰色为止。记录采样时间和地点，根据采样时间和流量，计算采样体积。把一天分成几个时段进行 6~9 次采样。

4）样品测定

采样结束后，用水将采样瓶中吸收液的体积补至标线，混匀，随后转移到比色管中，并加入显色剂（每个样品平行测定 2 个），然后于暗处放置 20 min（室温低于 20℃时放置 40 min 以上），用 10 mm 比色皿，在波长 540 nm 处，以水为参比，测量吸光度。同时，做空白实验。

4. 实验结果计算

$$C_{NO_x}=\frac{A-A_0-a}{b\times V_0\times 0.76}$$

式中 A——样品溶液的吸光度；

A_0——空白实验溶液的吸光度；

b—— 标准曲线的斜率；

a——标准曲线的截距；

V_0——换算为标准状态（273 K、101.3 kPa）下的采样体积；

0.76——NO_2（气）转换为 NO_2^-（液）的转换系数。

在实验的基础上，计算出空气中氮氧化物的浓度，绘制氮氧化物浓度随时间变化的曲线，并分析原因。

5. 讨论

有哪些因素会影响空气中二氧化氮浓度的测定？

三、靛蓝二磺酸钠分光光度法测定空气中臭氧浓度

1. 实验原理

在磷酸盐缓冲溶液存在的条件下，空气中的臭氧与吸收液中的靛蓝二磺酸钠等发生摩尔反应，褪色生成靛红二磺酸钠，在波长 610 nm 处测定吸光度。

2. 实验装置和设备

大型气泡吸收管：10 mL，10 支。

空气采样器：流量范围 0~1 L/min，流量稳定。

分光光度计：1 台。

具塞比色管：10 mL，20 支。

20 mm 比色皿。

容量瓶：500 mL，2 个。

吸管：0.10~1.00 mL，若干。

3. 实验步骤

1）试剂配制

本法所用的试剂均为分析纯，实验用水为新制备的去离子水或蒸馏水。

（1）磷酸盐缓冲液溶液：称取 6.8 g 磷酸二氢钾、7.1 g 无水磷酸氢二钠，溶于水，稀释至 1000 mL。

（2）靛蓝二磺酸钠标准贮备液：称取 0.25 g 靛蓝二磺酸钠溶于水，移入 500 mL 棕色容量瓶内，用水稀释至标线，摇匀，室温下于暗处存放 24 h，用硫代硫酸钠标定。此溶液在 20 ℃以下暗处可稳定存放两周。

（3）靛蓝二磺酸钠标准使用液：将靛蓝二磺酸钠标准贮备液用磷酸盐缓冲液稀释成每毫升相当于 1.0 μg 臭氧的靛蓝二磺酸钠溶液，于冰箱内保存。

（4）靛蓝二磺酸钠吸收液：取 25 mL 靛蓝二磺酸钠标准贮备液，用磷酸盐缓冲溶液稀释至 1000 mL，于冰箱内保存。

2）标准曲线的绘制

取 10 mL 具塞比色管 6 支，按表 2 制备靛蓝二磺酸钠标准使用液。

表2　靛蓝二磺酸钠标准使用液

管号	0	1	2	3	4	5
靛蓝二磺酸钠标准使用液 /mL	10.00	8.00	6.00	4.00	2.00	0.00
磷酸盐缓冲溶液 /mL	0	2.00	4.00	6.00	8.00	10.00
臭氧浓度 /（μg/mL）	0	0.2	0.4	0.6	0.8	1.00

各管摇匀，用 20 mm 比色皿，于波长 610 nm 处，以水作参比，测定吸光度。以臭氧含量作横坐标，以 0 号管样品的吸光度（A_0）与各标准样品管的吸光度（A）之差（A_0-A）为纵坐标，绘制标准曲线，并用最小二乘法计算标准曲线的斜率、截距及回归方程。

$$y=bx+a$$

式中　x——臭氧含量，μg/mL；

a——回归方程式的截距；

b——回归方程式的斜率。

3）样品采集

用一个内装 10 mL 靛蓝二磺酸钠吸收液的大型气泡吸收管，以 0.5 L/min 流量，采气 5~30 L。当吸收液褪色约 60%（与现场空白样比较）时，应立即停止采样。同时，记录采样点的温度及大气压力。采样后，样品在室温暗处保存，可稳定 3 天。

4）样品测定

采样后将样品溶液转入具塞比色管中，用少量的水洗吸收管，合并，使总体积为 10 mL。再按制备校准曲线的操作步骤测定样品的吸光度。在每批样品测定的同时，用 10 mL 未采样的吸收液做试剂空白测定。记录采样时间和地点，根据采样时间和流量，计算采样体积。把一天分成几个时段进行 6~9 次采样。

4. 实验结果计算

将采样体积换算成标准状态下的采样体积：

$$V_0 = V_t \times \frac{T_0}{273+T} \times \frac{p}{p_0}$$

式中 V_0——标准状态下的采样体积，L；

V_t——采样体积，由采样流量乘以采样时间而得，L；

T_0——标准状态下的绝对温度，273K；

p_0——标准状态下的大气压力，101.3kPa；

p——采样时的大气压力，kPa；

T——采样时的空气温度，℃。

空气中臭氧的浓度：

$$C_{O_3}=\frac{(A_0-A-a)\times V}{b\times V_0}$$

式中 C_{O_3}——空气中臭氧的浓度，mg/m^3；

A——样品溶液的吸光度；

A_0——空白溶液的吸光度；

V——样品溶液的总体积，mL。

在实验的基础上，计算出空气中臭氧的浓度，绘制臭氧浓度随时间变化的曲线，并结合氮氧化物浓度的变化分析原因。

5. 注意事项

本方法中为褪色反应，吸收液的体积直接影响测量的准确度，所以装入采样管中吸收液的体积必须准确，最好用移液管加入。采样后向比色管中转移吸收液应尽量完全（少量多次冲洗）。装有吸收液的采样管，在运输、保存和取放过程中应防止倾斜或倒置，避免损失吸收液。

6. 讨论

简述地表附近空气中臭氧的来源、危害以及防治方法。

练习题

1.［判断题］在高温、日照充足、空气干燥的条件下，空气中的VOCs和NO_x产生光化学反应，易产生臭氧污染，因此一般而言，夏季午后3点前后，臭氧浓度最高。（　）

2. [判断题] 臭氧对人体有害，会强烈刺激人的呼吸道，造成咽喉肿痛、胸闷咳嗽，引发支气管炎和肺气肿等，但是低浓度的臭氧可用来消毒。(　)

3. [判断题] 适宜的条件下，NO_x 的存在会导致臭氧污染，因此只要降低 NO_x 的浓度，就会降低臭氧的浓度。(　)

答案： 1. √。

2. √。

3. ×。

实验五　室内空气中甲醛和氨的浓度测定

一、实验目的

通过学习本实验，学生能够应用乙酰丙酮分光光度法测定空气中甲醛的浓度，并分析实验影响因素；应用纳氏试剂比色法测定空气中氨的浓度，认识室内空气对人体健康的显著影响。

二、乙酰丙酮分光光度法测定空气中甲醛的浓度

1. 实验原理

甲醛气体经水吸收后，在pH值为6的乙酸－乙酸铵缓冲液中，与乙酰丙酮作用，在沸水浴的条件下，迅速生成稳定的黄色化合物，在波长413 nm处测定，反应式如下：

$$\mathrm{H-\overset{\overset{\displaystyle O}{\|}}{C}-H + NH_3 + 2[CH_3-\overset{\overset{\displaystyle O}{\|}}{C}-CH_2-\overset{\overset{\displaystyle O}{\|}}{C}-CH_3]} \longrightarrow$$

$$\longrightarrow \begin{array}{ccccccccc} & \mathrm{O} & & & \mathrm{CH_2} & & & \mathrm{O} & \\ & \| & & / & & \backslash & & \| & \\ \mathrm{CH_3-} & \mathrm{C} & \mathrm{-CH_2-} & \mathrm{C} & & \mathrm{C} & \mathrm{-CH_2-} & \mathrm{C} & \mathrm{-CH_3} \\ & & & \| & & \| & & & \\ & & \mathrm{H-} & \mathrm{C} & & \mathrm{C} & \mathrm{-H} & & \\ & & & \backslash & \mathrm{N} & / & & & \\ & & & & | & & & & \\ & & & & \mathrm{H} & & & & \end{array} + 3H_2O$$

2. 实验装置和设备

空气采样器（流量0.5 L/min）、比色管、10 mL具塞分光光度计、吸收瓶、pH酸度计和水浴锅等。

3. 实验步骤

1）试剂配制

（1）吸收液：不含有机物的重蒸馏水（加少量高锰酸钾的碱性溶液于

水中再进行蒸馏即可，在整个蒸馏过程中水应始终保持红色，否则应随时补加高锰酸钾）。

（2）乙酰丙酮溶液：称量 25 g 乙酸铵，加入少量水溶解，加入 3 mL 冰乙酸和 0.25 mL 乙酰丙酮，混匀再加水至 100 mL，调整 pH 值为 6，此溶液于 2~5 ℃贮存，可稳定 1 个月。

（3）0.1 mol/L 碘溶液：称量 40 g 碘化钾，溶于 25 mL 水中，加入 12.7 g 碘。待碘完全溶解后，用水定容至 1000 mL。移入棕色瓶中，于暗处储存。

（4）1 mol/L 氢氧化钠溶液：称量 40g 氢氧化钠，溶于水，并稀释至 1000 mL。

（5）0.5 mol/L 硫酸溶液：取 28 mL 浓硫酸（ρ=1.84 g/mL）缓慢加入水中，冷却后稀释至 1000 mL。

（6）1+5 硫酸：取 40 mL 浓硫酸（ρ=1.84 g/mL）缓慢加入 200 mL 水中，冷却后待用。

（7）0.5% 淀粉指示剂：将 0.5 g 可溶性淀粉用少量水调成糊状后，再加入 100 mL 沸水，并煮沸 2~3 min 至溶液透明。冷却后，加入 0.1g 水杨酸或 0.4 g 氯化锌保存。

（8）重铬酸钾标准溶液：C（$1/6K_2Cr_2O_7$）=0.1 mol/L。准确称取在 110~130 ℃下烘 2 h 并冷却至室温的重铬酸钾 2.4516 g，用水溶解后移入 500 mL 容量瓶中，用水稀释至标线，摇匀。

（9）硫代硫酸钠标准滴定溶液：C（$Na_2S_2O_3 \cdot 5H_2O$）≈ 0.1 mol/L。称取 12.5g 硫代硫酸钠溶于煮沸并放冷的水中，稀释至 1000 mL。加入 0.45 g 氢氧化钠，贮于棕色瓶内，使用前用重铬酸钾标准溶液标定。标定方法如下：

于 250 mL 碘量瓶内，加入约 1 g 碘化钾及 50 mL 水，加入 20 mL 重铬酸钾标准溶液，加入 5 mL 硫酸溶液，摇匀，于暗处放置 5 min。用硫代硫酸钠溶液滴定，待滴定至溶液呈淡黄色时，加入 1 mL 淀粉指示剂，继续滴定至蓝色刚好褪去，记下用量（V_1）。则硫代硫酸钠标准滴定溶液浓度为：

$$C_1 = \frac{C_2 \times V_2}{V_1}$$

式中 C_1——硫代硫酸钠标准滴定溶液浓度，mol/L；

C_2——重铬酸钾标准溶液浓度，mol/L；

V_1——滴定时消耗硫代硫酸钠溶液体积，mL；

V_2——取用重铬酸钾标准溶液体积，mL。

（10）甲醛标准贮备溶液：取 2.8 mL 含量为 36%~38% 的甲醛溶液，放入 1000 mL 容量瓶中，加水稀释至刻度线。此溶液 1 mL 约相当于 1 mg 甲醛。其准确浓度用碘量法标定。方法如下：

准确量取 20 mL 上述经稀释后的甲醛溶液，置于 250 mL 碘量瓶中。加入 20 mL 0.1 mol/L 碘溶液和 15 mL 1 mol/L 氢氧化钠溶液滴定，放置 15 min，加入 20 mL 0.5 mol/L 硫酸溶液，再放置 15 min，用 0.1 mol/L 硫代硫酸钠溶液滴定，至溶液呈现淡黄色时，加入 1 mL 0.5% 淀粉指示剂，继续滴定至蓝色刚好褪去，记录所用硫代硫酸钠溶液体积。同时，用水做试剂空白滴定。则甲醛溶液的浓度为：

$$C=\frac{(V_1-V_2)\times M\times 15}{20}$$

式中 C——溶液中甲醛浓度，mg/mL；

V_1——空白滴定时所用硫代硫酸钠标准溶液体积，mL；

V_2——滴定甲醛溶液时所用硫代硫酸钠标准溶液体积，mL；

M——硫代硫酸钠标准溶液的摩尔浓度，mol/L；

15——甲醛的换算值。

取上述标准溶液稀释 10 倍作为贮备液，此溶液置于室温下可使用 1 个月。

（11）甲醛标准使用溶液：用时取甲醛标准贮备溶液，用吸收液稀释成 1.0 mL 含 5.0 μg 甲醛，此溶液要现用现配。

2）标准曲线绘制

取 7 支 10 mL 具塞比色管，按表 1 用甲醛标准使用溶液配制标准溶液。

表 1　用甲醛标准使用溶液配制标准溶液

管号	0	1	2	3	4	5	6
甲醛（5.0 μg/mL）/ mL	0	0.1	0.4	0.8	1.2	1.6	2.0
甲醛 / μg	0	0.5	2.0	4.0	6.0	8.0	10.0

在上述标准溶液中，用水稀释定容至 5.0 mL 刻度线，加 0.25% 乙酰丙酮溶液 2.0 mL，摇匀，置于沸水浴中加热 3 min，取出冷却至室温，用 10 mm 比色皿，以水为参比，于波长 413 nm 处测定吸光度。将上述系列标准溶液测得的吸光度 A 值扣除空白试剂（0 浓度）的吸光度 A_0 值，便得到校准吸光度 y 值，以校准吸光度 y 值为纵坐标，以甲醛含量 x（μg）为横坐标，用最小二乘法计算其回归方程。注意：0 浓度不参与计算。

$$y=bx+a$$

式中　a——回归方程式的截距；

b——回归方程式的斜率。

3）样品采集

日光照射能使甲醛氧化，因此在采样时选用棕色吸收瓶。用内装 5.0 mL 吸收液的吸收瓶与采样器连接，以 0.5 L/min 的流量，采样 45 min 以上。

4）样品测定

取吸收后的溶液 5.0 mL 于 10 mL 比色管中，用水定容至 5.0 mL 刻度线，加入乙酰丙酮溶液 2.0 mL，混匀，置于沸水浴中加热 3 min，取出冷却至室温，以水为参比，在波长 413 nm 处比色。

4. 实验结果计算

$$\rho=\frac{(A_k-A_0)-a}{V_{ad}\times b}\times\frac{V_1}{V_2}$$

式中　A_k、A_0——样品溶液和空白溶液的吸光度；

V_{ad}——所采气体标准状态下的体积，L；

V_1——样品溶液总体积，mL；

V_2——分析测定时所取样品溶液的体积，mL。

5. 讨论

室内空气质量受哪些因素的影响？

三、纳氏试剂比色法测定空气中氨的浓度

1. 实验原理

空气中氨吸收在稀硫酸中，与纳氏试剂作用生成黄棕色化合物，根据着色深浅，用分光光度法比色定量。反应式如下：

$$2K_2HgI_4+3KOH+NH_3 \rightleftharpoons O\begin{matrix} \diagup Hg \diagdown \\ \diagdown Hg \diagup \end{matrix}NH_2I+7KI+2H_2O$$

黄棕色

2. 实验装置和设备

大型气泡吸收管：10 mL，10 支。

空气采样器：流量范围 0~1 L/min，流量稳定。

分光光度计：1 台。

具塞比色管：10 mL，20 支。

容量瓶：250 mL，2 个。

吸管：0.10~1.00 mL，若干。

3. 实验步骤

1）试剂配制

本法所用的试剂均为分析纯，水为无氨蒸馏水。无氨蒸馏水制备方法：在普通蒸馏水中加入少量高锰酸钾至浅紫色，再加入少量氢氧化钠至呈碱性，蒸馏，取中间蒸馏部分的水，加入少量硫酸呈微酸性，再重新蒸馏一次即可。

（1）吸收液：硫酸溶液（0.01 mol/L）。取 5.6 mL 浓硫酸加入水中，稀释至 1000 mL。临用时再稀释 10 倍。

（2）酒石酸钾钠溶液（500 g/L）：称取 50 g 酒石酸钾钠溶于 100 mL 水

中，煮沸，使之约减少 20 mL 为止，冷却后，再用水稀释至 100 mL。

（3）纳氏试剂：称取 5.0 g 碘化钾（KI），溶于 5.0 mL 水中，另取 2.5 g 氯化汞（$HgCl_2$）溶于 10 mL 热水中。将氯化汞溶液缓慢加入碘化钾溶液中，直至形成红色沉淀不溶为止。冷却后，加入氢氧化钾溶液（15.0 g 氢氧化钾溶于 30.0 mL 水中），用水稀释至 100 mL，再加入 0.5 mL 氯化汞溶液，静置 1 天。将上清液贮于棕色细口瓶中，盖紧橡皮塞，存入冰箱，可使用 1 个月。

（4）氯化铵标准贮备液：称取 0.7855g 经 105 ℃干燥 1 h 的氯化铵（NH_4Cl），用少量水溶解，移入 250 mL 容量瓶中，用水稀释至标线。此溶液 1.00 mL 含 1000 μg 氨。

（5）氯化铵标准使用液：临用时，吸取氯化铵标准贮备液 5.00 mL 于 250 mL 容量瓶中用水稀释至标线。此溶液 1.00 mL 含 20.0 μg 氨。

2）标准曲线绘制

取 6 支 10 mL 具塞比色管，按表 2 制备标准溶液。

表 2　制备标准溶液

管号	1	2	3	4	5	6
氯化铵标准使用液 /mL	0	0.1	0.2	0.5	0.7	1.0
水 /mL	10.0	9.9	9.8	9.5	9.3	9.0
氨含量 /μg	0	2.0	4.0	10.0	14.0	20.0

在各管中加入 0.2 mL 酒石酸钾钠溶液，再加入 0.2 mL 纳氏试剂，混匀，室温下放置 10 min。用 10 mm 比色皿，于波长 420 nm 处，以水作参比，测定吸光度。以氨含量（μg）为横坐标，以吸光度为纵坐标，绘制标准曲线，并用最小二乘法计算标准曲线的斜率、截距及回归方程。

$$y=bx+a$$

式中　y——标准溶液的吸光度；

x——氨含量，μg；

a——回归方程式的截距；

b——回归方程式的斜率，吸光度 /μg。

3）样品采集

用一个内装 10.0 mL 吸收液的大型气泡吸收管，以 1.0 L/min 的流量，采气 20~30 L，及时记录采样点的温度及大气压力。采样后，样品在室温下保存，于 24 h 内分析。

4）样品测定

采样后将样品溶液转入具塞比色管中，用少量的水洗吸收管，合并，使之总体积为 10.0 mL。再按绘制校准曲线的操作步骤测定样品的吸光度。在每批样品测定的同时，用 10.0 mL 未采样的吸收液做试剂空白测定。如果样品溶液吸光度超过标准曲线范围，则可用空白试剂稀释样品显色液后再进行分析。计算样品浓度时，要考虑样品溶液的稀释倍数。

4. 实验结果计算

（1）将采样体积换算成标准状态下的采样体积：

$$V_0 = V_t \times \frac{T_0}{273+T} \times \frac{p}{p_0}$$

式中 V_0——标准状态下的采样体积，L；

V_t——采样体积，由采样流量乘以采样时间而得，L；

T_0——标准状态下的绝对温度，273K；

p_0——标准状态下的大气压力，101.3kPa；

p——采样时的大气压力，kPa；

T——采样时的空气温度，℃。

（2）空气中氨的浓度：

$$C_{NH_3} = \frac{(A-A_0)\times B_s}{V_0}$$

式中 C_{NH_3}——空气中氨的浓度，mg/m^3；

A——样品溶液的吸光度；

A_0——空白溶液的吸光度；

B_s——计算因子（标准曲线斜率的倒数），μg/ 吸光度；

V_0——标准状态下的采样体积，L。

5. 注意事项

（1）纳氏试剂中碘化汞与碘化钾的比例对显色反应的灵敏度有较大影响，应除去静置后生成的沉淀。

（2）所用玻璃皿应避免实验室空气中氨的污染，使用时注意用无氨水洗涤。

（3）在氯化铵标准贮备液中加 1~2 滴氯仿，可以抑制微生物的生长。

6. 讨论

简述空气中氨的来源、危害以及防治方法。

练习题

1. [判断题] 在通风不良的住所，室内环境污染有可能比室外空气污染还要严重得多。（ ）
2. [判断题] 甲醛是普遍存在的化工产品，无色、有刺激性气味，在装修材料中经常都会加入甲醛，所以在刚装修完的家中或者是办公室中都有可能发生甲醛的挥发。（ ）
3. [判断题] 氨是一种无色且具有强烈刺激性的碱性气体，对所接触的皮肤和组织都有腐蚀和刺激作用，并且氨被吸入肺后容易通过肺泡进入血液，与血红蛋白结合，增强运氧功能。（ ）
4. [判断题] 室内空气污染源广泛，污染物种类繁多并具有协同作用，导致其对人体健康危害的效应十分复杂，并且很多致病机理还不明确。（ ）

答案： 1. √。

2. √。

3. ×。

4. √。

实验六　大气环境中二氧化硫浓度监测及吸收法净化二氧化硫效率测定

一、实验目的

通过学习本实验，学生能够描述盐酸副玫瑰苯胺分光光度法测定空气中二氧化硫浓度的实验原理，并能独立操作完成测定过程；列举出盐酸副玫瑰苯胺分光光度法测定空气中二氧化硫浓度的主要影响因素和注意事项。

二、大气环境中二氧化硫浓度监测

1. 实验原理

二氧化硫被甲醛缓冲溶液吸收后，生成稳定的羟基甲磺酸加成化合物。在样品溶液中加入氢氧化钠使加成化合物分解，释放出的二氧化硫与盐酸副玫瑰苯胺、甲醛作用，生成紫红色化合物，根据颜色深浅，用分光光度计在波长 577 nm 处进行测定。

本方法的主要干扰物为氮氧化物、臭氧及某些重金属元素。加入氨基磺酸钠可消除氮氧化物的干扰；采样后放置一段时间可使臭氧自行分解；加入磷酸及环己二胺四乙酸二钠盐可以消除或减少某些金属离子的干扰。在 10 mL 样品中存在 50 μg Ca、Mg、Fe、Ni、Mn、Cu 等离子及 5 μg 二价锰离子时不干扰测定。

2. 实验仪器及试剂

实验仪器：空气采样器；分光光度计；多孔玻板吸收管；恒温水浴器；10 mL 具塞比色管。

实验试剂：实验用蒸馏水；甲醛吸收液（2 g/L）；氨基磺酸钠溶液

（0.60%）；盐酸副玫瑰苯胺（简称 PRA，对品红）贮备液（0.20%）；盐酸副玫瑰苯胺使用溶液（0.05%）。

3. 实验步骤

（1）空气采样仪的参数设置：采样方式、采样速度、采样时间和采样量。

（2）在多孔玻板吸收管中加入吸收液，并用橡胶管与采样仪连接。

（3）开始采样，并记录采样仪上的采样温度及压力。

（4）样品测定：待采样结束后，将多孔玻板吸收管中样品溶液移取 10 mL 于具塞比色管中，加入 0.5 mL 的氨基磺酸钠，再加入 1 mL 对品红使用溶液，摇匀，静置显色 20 min 后于波长 577 nm 处测定其吸光度，并做平行实验。同时，用蒸馏水做空白实验。

4. 实验数据及结果

（1）实验数据记录见表 1。

表 1　实验数据记录

采样次数	采样流量 /（L/min）	采样时间 /min	采样体积（V_0）/L	采样温度、压力	样品吸光度		空白液吸光度
1	0.5	20	10				
2	0.5	50	25				
3	0.2	20	4				
4	0.2	50	10				

（2）二氧化硫浓度的计算：

$$\text{二氧化硫浓度}（\mu g/m^3）= \frac{(A_k - A_0) \times B_s}{V_s} \times \frac{L_1}{L_2}$$

式中 A_k——样品溶液的吸光度；

A_0——试剂空白溶液的吸光度；

B_s——校正因子，B_s=0.044；

V_s——换算成标准状态下的采样体积，m^3；

L_1—— 样品溶液总体积，mL；

L_2——分析测定时所取样品溶液体积，mL。

（3）实验结果见表2。

表2 实验结果

采样次数	采样流量/（L/min）	采样时间/min	采样体积（V_0）/L	标准状况下的采样体积（V_s）/m^3	$A_k - A_0$	SO_2浓度/（$\mu g/m^3$）
1	0.5	20	10			
2	0.5	50	30			
3	0.2	20	4			
4	0.2	50	10			

（4）结果分析与讨论：

①试根据上述测定条件及结果，讨论采样流量、采样时间对测定结果的影响，并对照《室内空气质量标准》（GB/T 18883—2022）分析空气质量水平。

②为什么在采样的同时应测定采样现场的温度和大气压力？

三、碱液吸收法净化气体中的二氧化硫

1. 实验原理

可采用吸收法净化含二氧化硫的气体。由于二氧化硫在水中溶解度不高，常采用化学吸收方法。二氧化硫吸收剂种类较多，本实验采用氢氧化钠或碳酸钠溶液作吸收剂，吸收过程中发生的主要化学反应为：

$$2NaOH+SO_2 \rightarrow Na_2SO_3+H_2O$$

$$Na_2CO_3+SO_2 \rightarrow Na_2SO_3+CO_2$$

$$Na_2SO_3+SO_2+H_2O \rightarrow 2NaHSO_3$$

实验过程中通过测定填料吸收塔进、出口气体中二氧化硫的含量，即可近似计算出吸收塔的平均净化效率，进而了解吸收效果。气体中二氧化硫含量的测定采用甲醛缓冲溶液吸收－盐酸副玫瑰苯胺分光光度法。

实验中通过测出填料塔进、出口气体的全压，即可计算出填料塔的压降；若填料塔的进、出口管道直径相等，则用U形管压力计测出其静压差即可求出压降。

2. 实验仪器和试剂

实验仪器：二氧化硫钢瓶；填料塔；填料；泵；U形管压力计；玻璃筛板吸收瓶等。实验装置如图1所示。

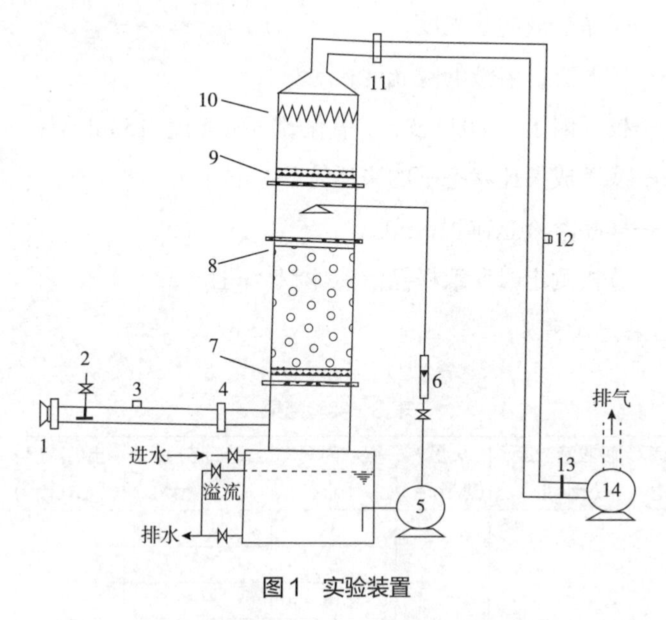

图1　实验装置

1、4、11—测压环；2—污染气源接入口；3、12—带帽采样口；5—水泵；6—流量计；7、9—开孔板；8—格栅板；10—填料除雾层；13—调风阀；14—风机

实验试剂：甲醛吸收液；对品红贮备液；氨基磺酸铵溶液；氢氧化钠等。

3. 实验步骤

（1）连接实验装置，检查系统是否漏气，关严吸收塔的进气阀，并在吸收塔的贮液槽中注入配制好的5%的碱溶液。

（2）在玻璃筛板吸收瓶内装入25 mL采样用的吸收液。

（3）打开吸收塔的进液阀，调节液体流量，使液体均匀喷布，并沿填料表面缓慢流下，以充分润湿填料表面。

（4）打开二氧化硫钢瓶，调节进气流量及吸收液流量，在吸收塔进、出口处取样，测定二氧化硫浓度。

4. 实验结果计算

$$二氧化硫浓度（\mu g/m^3）=\frac{(A_k-A_0)\times B_s}{V_s}\times\frac{L_1}{L_2}$$

式中 A_k——样品溶液的吸光度；

A_0——试剂空白溶液的吸光度；

B_s——校正因子，0.044 μg 二氧化硫 / 吸光度 /15 mL；

V_s——换算成参比状态下的采样体积，m^3；

L_1——样品溶液总体积，mL；

L_2——分析测定时所取样品溶液体积，mL。

实验结果记入表 3。

表 3 实验结果

SO_2 进气流速 /（L/min）	吸收液浓度 /（mg/L）	风量 /（L/min）	吸收时间 / min	进口浓度 /（μg/m³）	出口浓度 /（μg/m³）	净化效率 /%
			3			
			6			
			16			
			26			

5. 实验结果分析与讨论

（1）从实验结果绘出的曲线，你可以得出哪些结论？

（2）通过本实验，你有什么体会？对实验有何改进意见？

练习题

1. [多选题] 甲醛缓冲溶液吸收 – 盐酸副玫瑰苯胺分光光度法测定空气中二氧化硫浓度时，下列属于干扰因素的是（ ）。

A. 氮氧化物　　B. 臭氧　　C. 重金属元素　　D. 有机物

2. [单选题] 本实验中最后计算采样体积时，要把采样体积换算成标准状况下的体积，这种说法对吗？（ ）

A. 正确　　B. 错误　　C. 不确定　　D. 以上都不对

3. [多选题] 一般情况下，可以作为二氧化硫气体吸收剂的有哪些？(　)

A. 氢氧化钠　　B. 碳酸钠　　C. 石灰　　D. 氨水

答案： 1. ABC。

2. A。

3. ABCD。

实验七　脱硝催化剂的制备及其脱硝效率测定

一、实验目的

通过学习本实验，学生能够制备常规脱硝催化剂，在固定床上进行 NH_3–SCR 催化活性评价实验；使用 Testo 350 烟气分析仪测定进、出口氮氧化物和氧气浓度，并计算脱硝催化剂脱硝效率；研发新型高效的脱硝催化剂。

二、实验原理

SCR 脱硝技术的原理主要是利用还原剂（如氨、尿素、CO 或碳氢化合物）在一定温度和催化剂的条件下将烟气中的 NO_x 选择性地还原为 N_2，同时生成水。催化剂的作用是降低 SCR 反应的活化能，在较低温度下催化还原 NO_x，实现低能耗高效脱硝。NH_3–SCR 脱硝技术的脱硝效率一般为 60%~90%，合适的脱硝催化剂可具有 90% 以上的脱硝效率。因此，开发优良的催化剂是 SCR 脱硝技术中的关键问题。目前，研究和应用较多的 SCR 催化剂类型主要有贵金属催化剂、分子筛催化剂、碳基材料催化剂和金属氧化物催化剂等。

三、实验装置和设备

催化反应床，1 台；烟气测试仪（测烟仪），2 台（Testo 350 和 GeoTech G200）；烧杯：200 mL，若干；烘箱，1 台；马弗炉，1 台；量筒：100 mL，1 支；磁力搅拌子，若干；分析天平：分度值 0.001g，1 台；一次性滴管，若干。

四、实验方法和步骤

NH_3–SCR 催化活性评价实验在如图 1 所示的固定床上进行。首先 N_2 通过水汽发生器，带走饱和水蒸气，然后与其他反应气（NO、O_2 和 SO_2 等）在预热罐中混合均匀，随后通入固定床反应器中。为防止 NH_3 与 H_2O/SO_2 发生化学反应生成硫铵盐气溶胶引起管路堵塞，NH_3 直至催化反应床层前端才与其他气体混合通入固定床。温控仪的热电偶直接插到反应床层中，以此准确且稳定地测定反应温度。SCR 反应在直径为 1 cm 的石英管反应器中进行，反应温窗控制在 100~450℃。反应器下方安装有玻璃筛网，以促进 NH_3 与其他气体组分的混合。所有气体的流量均由质量流量计进行控制。

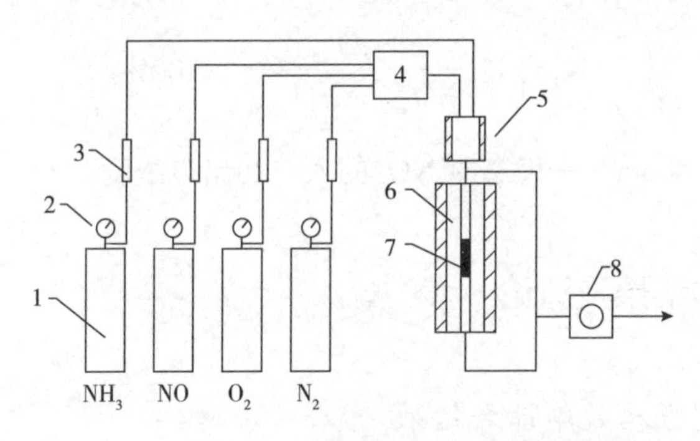

图 1　选择性催化还原去除 NO 的实验装置

1—气体钢瓶；2—压力表；3—质量流量计；4—混合罐；5—预热罐；6—反应器；7—催化剂；8—烟气分析仪

1. 模拟烟气的组成及测定

模拟烟气中各组分的浓度为：NO（600 ppm）、NH_3（600 ppm）、O_2（3%，体积分数）、H_2O（5%，体积分数）以及载气 N_2，混合气体总流量约为 0.7 L/min。体积空速（GHSV）约为 100000 $mL \cdot g^{-1} \cdot h^{-1}$，对应的催化剂的质量约为 0.4 g。这里需要说明的是，不同行业中的烟气组分和含量有所不同。火电行业中的烟气氧含量一般为 3%~5%（体积分数），而非电行业中的烟气氧含量则更高。考虑到当氧含量超过 3% 后，氧含量的变化对 SCR 催化剂脱硝性能影响较小，所以本实验过程中的氧含量统一设定为 3%。同样，工业源烟气中的水汽含量为2%~18%，而水汽的存在不仅会因竞争吸附作用抑制SCR催化剂的脱硝活性，还会促进硫铵盐的形成，导致催化剂抗硫性能下降。考虑到本实验的研究重点不是探究水含量对SCR催化剂脱硝性能的影响，因此在实验过程中水汽含量统一设定为5%。

本实验中进、出口NO、NO_2和O_2的浓度用Testo 350烟气分析仪测定，副产物N_2O用GeoTech G200分析。

2. 催化剂脱硝效率的计算

在反应中，NO_x的转化率和N_2选择性计算公式如下：

$$NO_{x,转化率}=\left(1-\frac{NO_{x,out}}{NO_{x,in}}\right)\times 100\%$$

$$N_2=\left(1-\frac{N_2O_{out}}{NO_{x,in}-NO_{x,out}}\right)\times 100\%$$

式中　下标in和out——稳态时NO_x的入口和出口浓度。

五、实验结果及讨论

1. 催化剂脱硝效率计算结果

催化剂脱硝效率计算结果见表1。

表1　催化剂脱硝效率计算结果

设定温度/℃	实测温度/℃	进口NO浓度/ppm	进口NO_2浓度/ppm	出口NO浓度/ppm	出口NO_2浓度/ppm	出口N_2O浓度/ppm	脱硝效率/%	N_2选择性/%
100								
140								
180								
220								
260								
300								
340								
380								

2. 结果分析与讨论

六、思考题

（1）哪些因素会影响 N_2 选择性的结果？

（2）当管道中气流速度较小时，采用怎样的办法可以继续测样？

练习题

1.［单选题］当前重点地区火电厂燃煤锅炉烟气 NO_x 排放标准为（　）。

A. 35 mg/Nm^3　　B. 50 mg/Nm^3

C. 100 mg/Nm^3　　D. 200 mg/Nm^3

2.［单选题］SCR 脱硝技术属于（　）。

A. 源头控制技术　　B. 燃烧中控制技术

C. 燃烧后控制技术　　D. 其他

3.［单选题］烟气温度过高导致催化剂脱硝效率降低的原因是（　）。

A. NO 的过度氧化　　B. NH_3 的过度氧化

C. N_2O 的过度氧化　　D. 以上均包括

4.［单选题］烟气中的（　）成分一般不会影响催化剂的使用寿命。

A. 重金属　　B. 硫铵盐

C. 一氧化碳　　D. 粉尘

答案： 1. C。

2. C。

3. B。

4. C。

实验八　机动车尾气污染物测定

一、实验目的

通过学习本实验，学生能够使用汽车尾气分析仪测不同型号汽车在不同工况下尾气中 CO、HC 和 NO_x 的浓度；能根据发动机气缸内汽油的燃烧情况，分析汽车在不同工况下尾气中污染物浓度差异的原因。

二、实验原理

机动车在怠速工况下，发动机气缸内通常处于不完全燃烧状态，此时尾气中 CO 和 HC 的排放量相对较高，但由于温度较低，NO_x 排放量很低。当加速和高速定速运转时，由于燃烧温度较高，反应完全，尾气中 CO 和 HC 的排放量相对较低，而 NO_x 排放量则很高。采用单光源多光束红外测量技术，同时测量尾气中的 CO、HC 和 CO_2 气体浓度。采用电化学传感器对 O_2 和 NO 浓度进行检测。红外测量技术基本原理是根据物质分子吸收红外辐射的物理特性，利用红外线分析测量技术确定物质的浓度。

三、实验仪器和设备

汽车尾气分析仪；受检车辆：至少 2 台且型号不同。

四、实验步骤

汽车尾气分析测定：

（1）打开汽车尾气分析仪，预热 10 min，进行漏气检测（Leak cheek），选择显示 CO、HC、CO_2、O_2 和 NO 含量。

（2）待发动机启动后，将取样探头插入排气管并固定。

（3）分别测定怠速、1500 r/min、2500 r/min、3500 r/min 时污染物的浓度，读取 30 s 内的最高值和最低值。

五、数据记录与计算

数据记录与计算结果见表 1。

表 1　数据记录与计算

序号	转速 /（r/ min）	CO 浓度 /（g/km）			HC 浓度 /（g/km）			NO_x 浓度 /（g/km）		
		最高值	最低值	平均值	最高值	最低值	平均值	最高值	最低值	平均值
1	怠速									
2	1500									
3	2500									
4	3500									

六、结果分析与讨论

汽车尾气中不同污染物浓度与转速之间有何关系？简要分析其原因。

练习题

1. [判断题] 汽车使用无铅汽油后，就不会对大气造成污染。（　）
2. [判断题] 发动机运转工况不同，污染物的生成量也不相同。在怠速和加速时 CO 的排放浓度均较高。（　）
3. [判断题] 汽油车排放尾气的主要成分是 CO、HC、NO_x。（　）
4. [判断题] 柴油车基本上不存在曲轴箱泄漏排放和燃油蒸发排放。（　）

答案： 1. ×。

2. √。

3. √。

4. √。

实验九　移动床和流化床装置对有机废气吸附脱附实验

一、实验目的

通过学习本实验，学生能够描述移动床和流化床的基本特性，独立操作控制移动床和流化床实验装置；独立操作完成吸附实验的基本操作过程；复述吸附脱附基本原理，并运用吸附脱附基本原理解释吸附过程。

二、实验原理

移动床吸附工作原理：经脱附后的活性炭从设备顶部连续进入冷却器，使温度降低后，经分配板进入吸附段，再由重力作用不断下降通过整个吸附器。在吸附段与气体混合物逆流接触，气体中易被吸附的重组分优先被吸附，没有被吸附的气体便从吸附段的顶部引出称为塔顶产品或轻馏分。吸附了吸附质的活性炭从吸附段进入增浓段，与自下而上的气流相遇，较易挥发的固体组分被置换出去，置换出来的气体上升，吸附剂离开增浓段时，就只剩下易被吸附的组分，这样在此段内就起到“增浓”的作用，吸附剂进入气提段后，此时吸附剂富含易吸附的组分，使之被蒸汽加热和吹扫而脱附，部分上升到增浓段作为回流，部分作为塔底产品。固体吸附剂继续下降到下提升罐，再用气体提升至上提升罐，从顶部再进入冷却器，如此循环进行吸附分离。

流化床的重要特征是细颗粒吸附剂在上升气流作用下做悬浮运动，固体颗粒剧烈翻动，并与气体充分接触。在实际工作中，利用吸附剂的吸附—再生—吸附的循环过程，实现净化废气中污染物质的目的。

三、实验仪器及设备

移动床和流化床吸附装置，上海大有仪器设备有限公司；空气采样器；分光光度计；多孔玻板吸收管；恒温水浴器；10 mL 具塞比色管；二氧化硫气体钢瓶；其他实验室常用仪器设备。实验装置主体结构如图 1 所示。

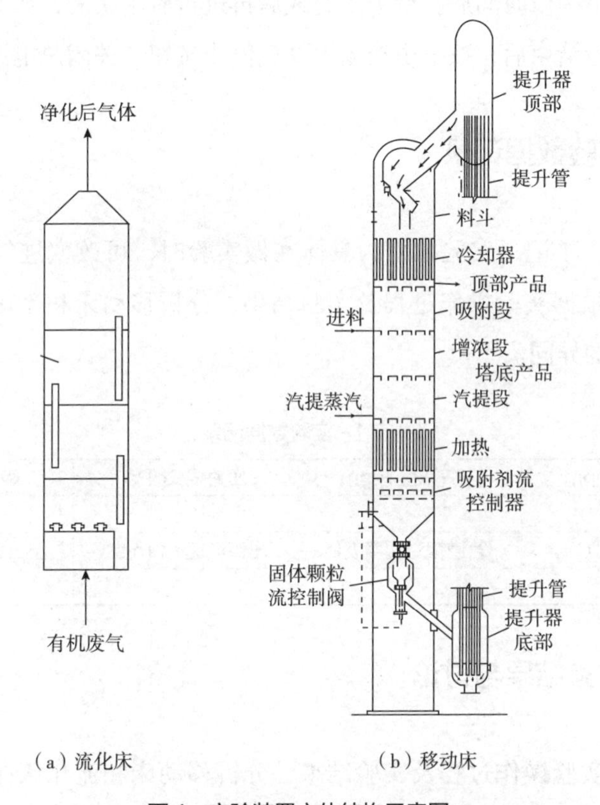

图 1　实验装置主体结构示意图

四、实验步骤

（1）首先检查设备系统外况和全部电气连接线有无异常（如管道设备有无破损，是否安装紧固等），关闭所有阀门，正常后开始操作。

（2）按下电控箱上绿色电源启动按钮，彩色触摸屏亮起，点击屏幕上的进入系统画面，则变换为设备的控制和实时数据显示页面。

（3）此时设备的控制和实时数据显示页面的控制栏处都显示停止状态；向吸附柱中加入活性炭，准备开始实验。

（4）按照实验装置的开关要求开闭相应阀门，进行吸附实验，可实时记录进气浓度、出气浓度、吸附效率、压力损失、管道温度和湿度、出口风速等数据。

（5）吸附一段时间后，待吸附完成后再进行脱附实验，如此循环往复。

（6）实验结束后，按下电控箱上红色停止按钮，关闭总电源。

五、实验数据记录

可按照表 1 记录实验数据，具体在做实验时，可改变进气浓度及风量重复进行。根据实验操作过程及实验结果，分析移动床和流化床在吸附净化气体方面的异同。

表1　实验数据记录

进气浓度 /ppm	出气浓度 /ppm	压力损失 /Pa	吸附效率 /%
管道温度 /℃	管道相对湿度 /%	出口风速 /（m/s）	出口风量 /（m^3/h）

六、实验结果与讨论

试通过实验操作过程及实验结果，分析移动床和流化床在吸附净化气体方面的异同。

1.［多选题］常用的吸附剂有（　）。

A. 活性炭　　B. 活性氧化铝　　C. 硅胶

D. 白土　　E. 沸石分子筛

2. [单选题] 本实验采用的吸附剂是（ ），其再生方法为（ ）。

A. 沸石分子筛　　B. 活性炭　　C. 硅胶

D. 置换再生　　E. 加热再生　　F. 降压再生

3. [单选题] 除了本实验中采用的移动床和流化床吸附装置，还有（ ）。

A. 间歇式吸附装置　　B. 连续式吸附装置

C. 半连续式吸附装置　　D. 固定床吸附装置

答案：1. ABCDE。

2. B；E。

3. D。

实验十　校园环境空气质量监测及质量评价

一、实验目的

通过学习本实验，学生能够描述 PM_{10}、$PM_{2.5}$、二氧化硫、二氧化氮、一氧化碳、臭氧等项目指标的测定方法和原理；小组合作完成布点、采样、测试、数据处理等工作；结合校园实际情况，对校园环境空气质量进行科学评价。

二、实验内容

1. 环境空气监测调查和资料收集

空气污染受气象、季节、地形等因素的强烈影响而随时间变化，因此应对校园内各种空气污染源、空气污染物排放情况及自然与社会环境特征进行调查，并对空气污染物排放情况作初步估算。

（1）气象资料收集：主要收集校园所在地近年来的气象数据，包括风向、风速、气温、气压、降雨量、相对湿度等。

（2）校园内空气污染源调查：主要调查校园内空气污染物的排放源、数量、燃料种类和污染物名称及排放方式等，比如食堂油烟排放、实验楼污染气体排放等。

（3）校园周边空气污染源调查：校园周边均为交通干线，因此校园周边空气污染源主要调查汽车尾气排放情况。

2. 空气环境监测项目的确定

根据《环境空气质量标准》（GB 3095—2012）和校园及其周边的空气污染物排放情况筛选监测项目，学校一般无特征污染物排放，结合空气污染源调查结果，以 PM_{10}、$PM_{2.5}$、二氧化硫、二氧化氮、一氧化碳、臭氧作为空气环境监测项目。

3. 采样分析方法

PM_{10}、$PM_{2.5}$：重量法；二氧化硫：盐酸副玫瑰苯胺分光光度法；二氧化氮：盐酸萘乙二胺分光光度法；臭氧：靛蓝二磺酸钠分光光度法；CO：快速测定仪。

实验开展前，准备好实验设备（便携式空气采样器、紫外－可见光分光光度计、吸收瓶、比色管、容量瓶、滤膜、干燥器、烘箱等）和试剂[N-（1- 萘基）乙二胺盐酸盐贮备液、亚硝酸钠标准贮备液、二氧化氮测定显色液、甲醛吸收液（2 g/L）、盐酸副玫瑰苯胺贮备液、氨基磺酸钠溶液、氢氧化钠溶液、臭氧吸收液、稀硫酸溶液、碘化钾标准溶液等]，并作出各项目对应的标准曲线。

4. 采样点布设、采样时间

根据污染物的排放量，结合校园地形和各环境功能区的要求，以及气象条件，按网格布点法进行。每个采样点的采样时间均设为 1 h，采样流量设为 0.2 L/min，记录采样时的温度和压力以便于换算采样的标况体积。

5. 数据处理和结果表示

按照实验方案和时间安排，采样结束后，将样品带回实验室，逐个完成各个监测项目的分析，结果见表 1 和表 2。

表 1　大气监测实验数据记录

监测项目	实验数据 1；实验数据 2	采样点 1	采样点 2	……
PM_{10}	滤膜质量 /g；采样后滤膜质量 /g			
$PM_{2.5}$	滤膜质量 /g；采样后滤膜质量 /g			
SO_2	空白吸光度；样品吸光度			
NO_2	空白吸光度；样品吸光度			
O_3	空白吸光度；样品吸光度			
CO	空白吸光度；样品吸光度			

表 2　实验数据处理结果　　$\mu g/m^3$

监测项目	采样点 1	采样点 2	……
PM_{10}			
$PM_{2.5}$			

（续表）

监测项目	采样点1	采样点2	……
SO_2			
NO_2			
O_3			
CO			

6. 环境空气质量评价及分析

将校园环境空气质量与当地或国家相应标准相比较得出结论；分析校园环境空气质量现状；分析目前校园环境空气质量出现状况的原因；提出改善校园环境空气质量的建议及措施。

练习题

1. [单选题]《环境空气质量指数（AQI）技术规定（试行）》(HJ 633—2012）的内容不包括（ ）。

   A. 环境空气质量指数日报和实时报的发布内容、发布格式和其他相关要求

   B. 环境空气质量指数的分级方案和计算方法

   C. 环境空气质量级别与类别

   D. 环境空气质量功能区分类、标准分级等

2. [单选题]（ ）不属于环境空气功能区二类区。

   A. 居民混合区　　B. 工业区

   C. 农村区域　　D. 自然保护区

3. [单选题]环境空气质量指数及环境空气质量分指数的计算结果应保留（ ）位小数。

   A. 0　　B. 1　　C. 2　　D. 3

4. [单选题]关于 SO_2 数据有效性最低要求，以下表述正确的是（ ）。

   A. 每小时至少有 40 个分钟平均浓度值或采样时间

   B. 每小时至少有 50 个分钟平均浓度值或采样时间

C. 每小时至少有 45 个分钟平均浓度值或采样时间

D. 每小时至少有 55 个分钟平均浓度值或采样时间

答案： 1. D。

2. D。

3. A。

4. C。

第三章

固体废物处理与处置实验

实验一　固体废物的破碎与筛分

一、实验目的

通过学习本实验，学生能够熟悉垃圾破碎及筛分的流程，熟悉破碎筛分设备的使用方法；能根据垃圾的性质，初步判断适合破碎处理的固体垃圾类型。

二、实验原理

固体废物的破碎是固体废物由大变小的过程，利用粉碎工具对固体废物施力而将其破碎，所得产物根据粒度的不同，利用不同筛孔尺寸的筛子，将物料中小于筛孔尺寸的细粒透过筛面，大于筛孔尺寸的粗粒留在筛面上，从而完成粗 / 细分离的过程，其主要目的如下：

（1）不均匀的固体废物经过破碎或粉碎后，较为均匀，可提高焚烧、热解、压缩等作业的稳定性和处理效率。

（2）固体废物经过破碎或粉碎处理后，体积减小，便于运输、储存及高密度填埋，加速覆土还原。

（3）固体废物经过破碎后，原来连在一起的异种材料容易被分离出来，便于从中分选和回收有价值的物质或材料。

（4）为固体废物的下一步加工和资源化处理做准备。

三、实验仪器和材料

实验仪器：恒温干燥箱；大量程天平，如 2 kg ；破碎设备：颚式破碎机、锤式破碎机、球磨机等；筛分设备：振动筛（不同孔径）；烧杯、刷子、手套、口罩等常规实验耗材。

实验材料：待破碎的垃圾，如建筑垃圾；锤子等，便于将大块垃圾敲碎。

四、实验步骤

本实验中采用颚式破碎机、锤式破碎机或球磨机对固体垃圾进行破碎处理。颚式破碎机主要用于破碎各种中等硬度的岩石、矿石和固体废物，是冶金、环境、建材、化工等行业机器实验室中的重要设备，颚式破碎机一般用于一段破碎，可以直接将很大的颗粒进行破碎。锤式破碎机是以冲击形式破碎物料的一种设备，锤式破碎机适用于在水泥、化工、电力、冶金等工业部门破碎中等硬度的物料，如石灰石、炉渣、焦炭、煤等物料的中碎和细碎作业。

颚式破碎机和锤式破碎机都是常见的粗破设备，破碎比大，结构简单，只是锤式破碎机靠冲击能工作，成品粒型更好，其局限在于不适宜硬岩物料处理，而颚式破碎机可广泛处理各种硬度的物料，处理范围更广，但其局限在于成品粒型不好看，需要用反击破碎机或冲击破碎机进行整形处理，总体来说，两者各有优势，至于选择哪种设备，还是需要依据具体的工艺需求而定。

球磨机是物料被一段破碎之后，再进行粉碎的关键设备，是工业生产中广泛使用的高细磨机械之一。这种类型的磨矿机是在其筒体内装入一定数量的钢球作为研磨介质。球磨机中钢球的主要作用是对物料进行冲击破碎，同时也起到一定的研磨作用。粉碎效果能否达到粉碎要求取决于钢球的级配是否合理，主要包括钢球大小、球径级数、各种规格球所占比例等。

实验过程中，根据需要，也可以选取两种破碎设备进行串联破碎，即二段破碎筛分。

（1）选择典型的城市建筑垃圾，进行一定的预处理，如用锤子预先敲碎，使垃圾尺寸小于 50 mm，然后称取 0.5~1 kg，并做好记录。

（2）启动颚式破碎机，投入固体垃圾进行破碎处理，观察破碎前、后物料的物理尺寸及表观性能变化。

（3）收集破碎后的样品，称量收集样品的质量，并做好记录，以考察颚式破碎过程中物料的损失。

（4）将破碎后的样品进行筛分，按筛目由大至小的顺序排列，连续往复摇动 15 min，分别记录筛上和筛下产物的质量，计算不同粒度物料所占百分比。

（5）根据实验室条件，可以使用锤式破碎机进行二次破碎，然后筛分，分别记录筛上和筛下产物的质量，计算不同粒度物料所占百分比。也可以采用球磨机进行进一步破碎，但要符合球磨机的要求，如球磨机要求进料尺寸小于 3 mm。

（6）整理实验数据，完成数据计算和统计，整理实验仪器和装置，打扫实验室。

五、数据处理

1. 数据记录

数据记录及统计见表 1~ 表 4。

表 1　固体废物破碎筛分前、后质量统计

指标	破碎前	破碎后	筛分后
固体废物总质量 /g			
损失率 /%	破碎前、后损失率		
	筛分前、后损失率		

表 2　一级颚式破碎后筛分过程不同粒径物料质量统计及所占百分比

目数	10 目	20 目	30 目	40 目	50 目	其他
孔径 /mm	2	0.9	0.6	0.45	0.35	小于
质量 /g						
百分比 /%						

表3　二级锤式破碎后筛分过程不同粒径物料质量统计及所占百分比

目数	60 目	70 目	80 目	90 目	100 目	其他
孔径 /mm	0.3	0.22	0.2	0.16	0.15	小于
质量 /g						
百分比 /%						

表4　球磨破碎后筛分过程不同粒径物料质量统计及所占百分比

指标	目（粒径）	目（粒径）	目（粒径）	目（粒径）	小于
质量 /g					
百分比 /%					

注：根据实验室条件，可自行调整表 2、表 3 筛子目数。

2. 绘制不同粒径百分比分布图

根据数据，绘制不同粒径物料的百分比分布图，同时根据数据，对结果进行简要分析和说明。

六、注意事项

（1）破碎、筛分设备启动前，要仔细检查机器是否处于良好工作状态。

（2）对破碎设备，一般一次性不能投加太多垃圾，否则容易堵塞、损坏机器。

（3）设备启动后，稍远离设备，务必全程注意安全，做好个人防护，长发操作人员务必将头发扎起。

（4）破碎物料的硬度一般不要超过中等硬度，以免加快破碎机零件的损坏，缩短寿命。

七、实验结果与讨论

（1）通过本实验，结合文献调研，比较不同类型破碎机的特点。

（2）现实生活中，哪些垃圾适合通过垃圾破碎方式进行处理处置？

练习题

1. [多选题] 固体废物破碎的目的是（　）。

A. 原来不均匀的固体废物经过破碎或粉碎后，较为均匀，可提高焚烧、热解、压缩等作业的稳定性和处理效率

B. 固体废物经过破碎或粉碎处理后，体积减小，便于运输、储存及高密度填埋，加速覆土还原

C. 固体废物经过破碎后，原来连在一起的异种材料容易被分离出来，便于从中分选和回收有价值的物质或材料

D. 为固体废物的下一步加工和资源化处理做准备

2. [单选题] 固体废物的机械破碎属于（　）。

A. 物理过程　　B. 物理化学过程

C. 化学过程　　D. 生物过程

3. [单选题] 颚式破碎一般属于（　）。

A . 一段破碎　　B. 二段破碎

4.[单选题] 下列机器破碎效果最好的是（　）。

A. 颚式破碎机　　B. 锤式破碎机　　C. 球磨机

5.[单选题] 下列哪种垃圾适合采用颚式破碎机机械破碎？（　）

A. 餐厨垃圾　　B. 建筑垃圾

C. 纺织品下脚料　　D. 园林废弃物

6. [多选题] 固体废物破碎实验，有哪些注意事项？（　）

A. 破碎、筛分设备启动前，要仔细检查机器是否处于良好工作状态

B. 对破碎设备，一般一次性不能投加太多垃圾，否则容易堵塞、损坏机器

C. 设备启动后，稍远离设备，务必全程注意安全，做好个人防护，长发操作人员务必将头发扎起

D. 破碎、筛分过程中，产生的粉尘较多，务必要做好个人防护和实验室卫生

答案：1. ABCD。

2. A。

3. A。

4. C。

5. B。

6. ABCD。

实验二　污泥脱水性能的测定与表征

一、实验目的

通过学习污泥脱水实验及文献调研，学生能够熟知污泥脱水的各种方法，并借助相关指标初步判断污泥脱水性能，判别各种方法的优缺点；进一步掌握离心、称重等操作步骤，学会离心机、天平、干燥箱等的使用，提高操作技能。

二、实验原理

1. 污泥处理流程简介

典型的污泥处理流程一般包括 4 个处理阶段：

第 1 阶段，污泥浓缩，主要目的是使污泥初步减容，缩小后续处理构筑物的容积或设备容量。

第 2 阶段，污泥消化，使污泥中的有机物分解，便于后期污泥脱水。

第 3 阶段，污泥脱水，使污泥进一步减容，降低污泥含水率，脱水后称为泥饼。

第 4 阶段，污泥处置，通过各种途径将最终的污泥进行处理和处置，如焚烧等。

本实验主要考察第 3 阶段污泥的脱水性能，采用机械脱水法。常用的机械脱水法有以下 3 种：①真空过滤脱水；②压滤脱水；③离心脱水。

本实验采用的机械脱水法是离心脱水。污泥的离心脱水技术是利用快速旋转所产生的离心力使污泥中的固体颗粒和水分离。

2. 污泥脱水性能表征

衡量污泥脱水性能的指标包括：

（1）污泥比阻（Specific Resistance to Filtration，SRF）：表示污泥脱水性能的综合性指标，单位为 m/kg。该指标是指单位过滤面积上，单位干重滤饼所具有的阻力。污泥比阻的物理意义：单位质量的污泥在一定压力下过滤时在单位过滤面积上的阻力。此值的作用是比较不同的污泥（或同一污泥加入不同量的混合剂后）的过滤性能。污泥比阻越大，过滤性能越差。在污泥中加入混凝剂、助滤剂等化学药剂，可使污泥比阻降低、脱水性能改善。

（2）毛细吸水时间（Capillary Suction Time，CST），表示污泥脱水性能的指标。CST 越大，污泥的脱水性能越差，反之，污泥的脱水性能越好。

（3）含固率（Dry Solids Content，DS）或含水率。

（4）结合水（Bound Water Content，BW）。

污泥的脱水效率不仅取决于脱水速率，还取决于脱水程度。脱水速率通常采用 CST 或 SRF 表示，而脱水程度则采用 DS 表示。

本实验采用含固率或含水率表示污泥脱水性能及脱水程度。测定方法为重量法。

三、实验仪器与试剂

实验仪器：离心机；干燥箱；天平；pH 计；浊度计；加热板，备用；超声仪，备用；高压灭菌锅，备用；烧杯、离心管等常规实验耗材。

实验试剂：脱水污泥；酸（10% 硫酸或盐酸，体积分数）；碱（30% 氢氧化钠，质量分数）；Fenton 试剂：包括 $FeSO_4$、H_2O_2；阳离子聚丙烯酰胺 PAM 或其他常见絮凝剂。

四、实验步骤

1. 查阅文献，选择方法

根据指导老师的安排或者自行选择，按照提供的文献，分组预习，选择一种或几种预处理方法，设计实验流程。为了便于学生提前预习，本书提供了一些相关的参考文献，以供参考。

2. 重量法测定污泥的含固率（或含水率）

根据国家标准，采用重量法测定待脱水污泥的含固率。具体测定方法可以参考本教材第三章中实验五——餐厨垃圾批式厌氧发酵产沼气实验。污泥含固率测定的实验数据记入表 1。

表 1　离心前污泥的含固率测定数据

平行样	坩埚质量（m_0）/g	坩埚 + 湿污泥质量（m_1）/g	坩埚 + 干污泥质量（m_2）/g
1			
2			
3			
平均值			
标准偏差			

3. 比较转速对污泥脱水的影响

取一定量的污泥，以不同转速离心，考察离心后泥饼的含固率、上清液的体积等，若条件允许，还可测定上清液的浊度。离心机转速可分别设置为 1000 r/min、2000 r/min、3000 r/min、4000 r/min 等，根据离心机的型号和要求设置，不能超出范围。离心时间为 10~15 min。根据离心后泥饼的含固率（表 2），确定最佳离心速率。

表 2　不同转速离心后污泥的含固率测定数据

离心转速 /（r/min）	平行样	坩埚质量（m_0）/g	坩埚 + 湿污泥质量（m_1）/g	坩埚 + 干污泥质量（m_2）/g
1000	1			
	2			
	3			
	平均值 ± 标准偏差			
2000	1			
	2			
	3			
	平均值 ± 标准偏差			

（续表）

离心转速 /（r/min）	平行样	坩埚质量（m_0）/g	坩埚 + 湿污泥质量（m_1）/g	坩埚 + 干污泥质量（m_2）/g
3000	1			
	2			
	3			
	平均值 ± 标准偏差			
4000	1			
	2			
	3			
	平均值 ± 标准偏差			
其他				

4. 考察在一定的预处理调理后，污泥的脱水性能

根据步骤 1，学生需要提前查阅文献，选择一种或几种预处理方法，对污泥进行预处理，然后按照步骤 2 确定的转速进行离心后，测定泥饼的含固率（表 3），以此表征不同的预处理方法对污泥脱水性能的影响，为污泥脱水工程应用提供参考和指导。

表 3　不同预处理后污泥的含固率测定数据

预处理方法	坩埚质量（m_0）/g	坩埚 + 湿污泥质量（m_1）/g	坩埚 + 干污泥质量（m_2）/g
1			
2			
3			
平均值			
标准偏差			

五、数据处理

（1）含固率的计算：

含固率的计算如公式（1）所示。

$$含固率=\frac{m_2-m_0}{m_1-m_0}\times 100\% \tag{1}$$

式中 m_0——已烘至恒重的坩埚质量，g；

m_1——已烘至恒重的坩埚＋湿污泥质量，g；

m_2——已烘至恒重的坩埚＋干污泥质量，g。

（2）将不同实验数据进行比较，绘制图表。

（3）分析不同的预处理方法对于污泥脱水性能的影响。

六、注意事项

（1）在使用离心机过程中，必须配平。

（2）测定含固率时，平行样品可以尽量多一些。

（3）采用酸、碱、Fenton 试剂、高温高压等方法进行预处理时，务必要注意安全。

七、实验结果与讨论

（1）结合实验数据，查阅文献，说明影响污泥脱水的因素有哪些？

（2）通过比较，你认为哪种方法最有利于污泥脱水？

练习题

1. [多选题] 衡量污泥脱水性能的指标有（ ）。

A. 污泥比阻　　B. 毛细吸水时间

C. 含固率　　D. 含水率

2. [多选题] 污泥脱水的目的是（ ）。

A. 污泥初步减容，降低后续处理的体积

B. 降低含水率，以降低后续处理的能耗

C. 提高污泥厌氧消化的能力

D. 提高污泥有机质的含量

3. [多选题] 目前对污泥的处理处置一般包括哪几个步骤？（ ）

A. 污泥浓缩　　B. 污泥消化　　C. 污泥脱水　　D. 污泥处置

4. [单选题] 污泥含水率一般采用什么方法测定？（ ）

A. 离心法　　B. 离子色谱法

C. 重量法　　D. 稀释法

5. [多选题] 为提高污泥脱水性能，可以采用哪些方法？（ ）

A. 酸处理、碱处理　　B. Fenton 试剂

C. 絮凝剂　　D. 其他组合方法等

6. [多选题] 污水脱水实验，有哪些注意事项？（ ）

A. 在使用离心机过程中，必须配平

B. 采用酸、碱、Fenton 试剂、高温高压等方法进行预处理时，务必要注意安全

C. 测量含水率时，平行样品可以尽量多一些

D. 无须注意

答案： 1. ABCD。

2. AB。

3. ABCD。

4. C。

5. ABCD。

6. ABC。

实验三　垃圾热值测定实验

一、实验目的

通过学习本实验，学生能够操作全自动热量计，复述机器的结构和工作原理；根据废物的热值特点，能区分高热值和低热值的垃圾。

二、实验原理

热值是单位质量的固体废物燃烧释放出来的热量，单位为 kJ/kg。目前，测定固体废物热值的方法主要是标准弹法，国内使用的仪器最好的为全自动热量计，其测得值为弹筒热值。

在充有过量氧气的氧弹内燃烧一定量的试样，燃烧产生的热量由弹筒壁传导给一定量的内筒水和量热系统（包括内筒、氧弹、搅拌叶、测温探头）进行吸收，水的温升与试样燃烧释放的热量成正比。热容量是量热系统每升高 1℃所吸收的热量，单位为 J/K，热容量通过在相似条件下燃烧一定量的基准量热物质（苯甲酸）来确定。测定发热量时，根据试样点燃前、后量热系统产生的温升及系统热容量，并对点火热等附加热进行校正后即可求得试样的弹筒发热量，单位为 J/g。从弹筒发热量中扣除硝酸形成热和硫酸校正热（硫酸与二氧化硫形成热之差）后即得高位发热量。对试样中的水分的汽化热进行校正后求得试样的低位发热量。

三、实验仪器和材料

实验仪器：全自动量热仪；筛子；研钵；分析天平。

实验试剂与材料：不同类型垃圾组成；苯甲酸；铁丝。

四、实验步骤

（1）取样：从垃圾中选取具有代表性的样品，如纸张、织物、纸箱、塑料等，用四分法缩分 2~5 次后，分别粉碎成粒径小于 0.5 mm 的微粒，在烘箱 100~105 ℃条件下烘干至恒重。

（2）开机：打开机器电源，使机器进入工作状态。

（3）打开氧弹，清理氧弹杯、坩埚、点火柱等部件，然后在氧弹杯中加入 10 mL 室温蒸馏水。

（4）把氧弹头放在氧弹架上，装好点火丝（点火丝要安装牢固，保证与点火电极为可靠的电接触，且两电极间的点火丝长度要一致），然后在点火丝中部系上点火棉线。

（5）将称量好的坩埚内的试样（称准到 0.0001 mg）放入点火电极下部的坩埚位，然后把点火棉线的一端插入煤样，但不得将煤粉带出（如是热容量标定的苯甲酸片，则只需压住棉线即可）。

（6）小心地将氧弹螺帽拧紧，此后氧弹要轻拿轻放，以免棉线脱落导致点火失败。

（7）打开氧气瓶阀门，调整减压器输出压力为 2.8~3 MPa。再用不少于 15 s 的时间将氧弹充到此压力后放入量热仪内筒氧弹固定座上（当充氧压力大于 3.2MPa 时，应将氧气放掉并调整压力后重新充氧）。

（8）依据试样进行发热量的测试或苯甲酸的系统热容量标定，选择进入发热量数据输入界面或热容量数据输入界面，将所需数据对应输入后点实验开始。

（9）实验完成后取出氧弹，放气后检查氧弹内部有无试样飞溅，如有则本次实验作废，最后结果由系统屏幕和打印机给出。如需再次做实验，则按第（3）步至第（8）步依次重复进行即可。

五、数据记录及处理

记录不同类型垃圾的热值。

六、注意事项

（1）氧弹只能用手拧紧，不得借助工具。

（2）定期补充实验时外桶水的自然消耗。

（3）充氧仪导管脆性大，不要过度扭曲。

七、实验结果与讨论

（1）找出本地主要垃圾组成，根据实验结果，判断垃圾热值大小。

（2）使用全自动量热仪时，影响热值测定的主要因素是什么？

练习题

1. [单选题] 下列关于热值说法正确的是（ ）。

   A. 燃料的热值与燃料的燃烧情况无关

   B. 容易燃烧的燃料热值一定大

   C. 煤的热值大于干木材的热值，燃烧煤放出的热量一定比燃烧干木柴放出的热量多

   D. 为了提高锅炉效率，要用热值高的燃料

2. [填空题] 垃圾热值过低点不着火，可加入助燃物（ ）。

3. [单选题] 内筒水的温升与试样燃烧释放的热量成（ ）。

   A. 正比　　B. 反比　　C. 无关

答案： 1. A。

2. 苯甲酸。

3. A。

实验四　有害废物固化 / 稳定化处理及评价实验

一、实验目的

通过学习本实验，学生能够设计有害废物固化 / 稳定化处理的流程；根据垃圾的性质，初步判断是否适合固化 / 稳定化处理；根据固体废物的浸出特性，查阅相关标准，判断该固体废物是否为有害废物。

二、实验原理

固化 / 稳定化技术是通过物理或化学手段将有毒有害物质固定起来或者将污染物转成化学性质不活泼的形态，从而降低污染物毒害程度的一种技术。固化 / 稳定化技术是一种成熟的技术，已经成为国际上处理有害废物的主要方法之一。其中，水泥基固化 / 稳定化技术操作简单、处理成本低及技术成熟，因而应用广泛。

水泥的主要成分为硅酸三钙、硅酸二钙、铝酸三钙和铁铝酸四钙，水泥与水发生水化反应，生成水化硅酸钙、钙矾石、氢氧化钙等。水化硅酸钙凝胶拥有很大的比表面积和离子交换能力，可通过物理吸附、共生和层间化学置换固化重金属；钙矾石对水泥的硬化、凝结、耐久性等性能有至关重要的作用；通过这些水化产物的综合作用，将有害物质转化为不易发生分解和迁移的固化体。

固化 / 稳定化技术不能实质性地销毁或去除污染物，而是对污染物的暴露和迁移进行阻断，污染物仍存在于介质中。因此，需要采用不同的实验评估方法检测固化体是否达到最终处置或再利用的标准。

固体废物中有害物质遇水通过浸沥作用，从固体废物中迁移转化到浸出液中，测定浸出液的有害物质浓度可以表征有害废物的浸出毒性。在实验室中，根据固体废物的性质和处理处置目标，选择适合的固体废物浸出毒性标准鉴别方法，依据规定的浸出程序，制备固体废物的浸出液，并对其中的污染物进行分析测定。若其中一种或一种以上的毒性特性污染物的浓度超过《危险废物鉴别标准 浸出毒性鉴别》（GB 5085.3—2007）所规定的阈值，则该固体废物就具有毒性特性。

三、实验仪器和材料

实验仪器：电子天平；筛：涂 Teflon 的筛网，孔径 9.5 mm；真空干燥箱；模具；搅拌器；烘箱；翻转振荡器；真空过滤装置，玻纤维滤膜或微孔滤膜；原子吸收分光光度计。

实验材料：

（1）实验所用飞灰取自本市垃圾焚烧发电厂，从焚烧发电厂飞灰储罐一次性采样，使用塑料袋密封装袋，并带回实验室备用。

（2）水泥：普通硅酸盐水泥。

四、实验步骤

1. 固化 / 稳定化飞灰样品制备

将采集的飞灰全部倒入容器中，过 100 目筛，搅拌均匀，去除飞灰中含有的大块径的石灰和活性炭；按照表 1，用电子秤（精度为 0.01g）准确称取不同质量配比的水泥、飞灰和稳定剂分别加入搅拌设备中搅拌，根据加入的水泥和飞灰的质量，按 1∶2 的固液比加入去离子水，搅拌混合完成后，将混合物放入特制的模具中，用振动板压实成型。待硬化成型后去除模具，放置于阴凉处，喷水养护，在试块成型 20 天后测量相应指标，如图 1 所示。

表1　飞灰固化实验物料配比

序号	飞灰	水泥	稳定剂（二硫代氨基甲酸型有机螯合剂）
1	20%	80%	0
2	20%	80%	1%
3	30%	70%	0
4	30%	70%	1%

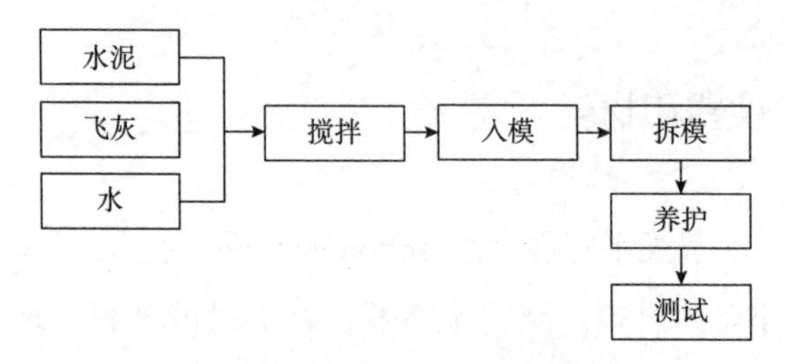

图1　水泥固化/稳定化飞灰工艺流程图

2. 测试方法

将达到养护时间的样品用无水乙醇中止水化后，用砂纸轻轻打磨样品表面至上、下表面平行，记录截面面积，然后进行抗压强度测试。测压过程中，以2 mm/min的下压速度对样品加压直至样品被破坏。根据测定结果，计算抗压强度，结果精确至0.01 MPa。

固化体有害废物浸出毒性实验：采用《固体废物浸出毒性浸出方法 硫酸硝酸法》（HJ/T 299—2007），选用原子吸收光谱仪或者电感耦合等离子体吸收光谱仪测定浸出液中的重金属含量。

五、数据记录及处理

比较不同处理方法的固化/稳定化指标，见表2。

表2　不同处理方法的固化/稳定化指标

处理方法	抗压强度	增容比	浸出毒性
1			
2			
3			
4			

六、注意事项

（1）在制作固化块过程中，水的加入速度要慢些。

（2）使用模具前、后，必须将其清理干净，并涂上一层润滑油。

七、实验结果与讨论

（1）综合比较哪种处理方法效果更好？

（2）水泥固化 / 稳定化过程中发生了哪些化学反应？影响因素有哪些？

练习题

1. [判断题] 对于固体废物及其再利用产物中有机物和无机物的浸出毒性鉴别采用《固体废物浸出毒性浸出方法 醋酸法》。（ ）

2. [判断题] 水泥固化体泌水表明固化效果更好，有害物质难以浸出。（ ）

3. [单选题] 固化体抗压强度低的原因是（ ）。

A. 水泥与水的比例高　　B. 水泥与水的比例低

C. 没有加入

答案： 1. ×。

2. ×。

3. B。

实验五　餐厨垃圾批式厌氧发酵产沼气实验

一、实验目的

通过学习本实验，学生能够根据接种物和底物的理化性质，设计厌氧发酵实验的物料比，初步具备实验设计能力；借助理化指标，如pH值、电导率、挥发性脂肪酸（VFAs）、总有机碳（TOC）或化学需氧量（COD）等，初步识别厌氧发酵的特性，判断厌氧发酵过程的稳定性。

二、实验原理

餐厨垃圾是典型的城市有机废弃物，具有成分复杂、水分和有机质含量高、易酸化、营养成分丰富等特点，如果处置不当，会产生诸多环境问题。目前，国内外对餐厨垃圾资源化处理主要是利用生物技术，包括厌氧发酵和堆肥。相比于堆肥，厌氧发酵占地面积小、环境污染小，应用更广泛。目前，主流的处理工艺为首先通过高温湿热系统去除其中的油脂，该油脂经过提纯后可以作为生物柴油，剩余部分进行厌氧发酵或者固液分离，对废水进行厌氧发酵处理，对固渣进行堆肥或焚烧，或进一步通过生物养殖生产高附加值产品。

厌氧状态下，纤维素、蛋白质和脂类等复杂有机物首先在严格厌氧菌的作用下降解成可溶性小分子，产酸菌进而将小分子转化成挥发性脂肪酸，挥发性脂肪酸被产氢产乙酸菌转化为乙酸和氢气；最后，氢气、二氧化碳和挥发性脂肪酸的混合物在产甲烷菌的作用下生成甲烷。

这一过程是一个由多种微生物相互协同、共同完成的复杂过程，受到很多因素的影响，如pH值、温度、物料比、消化时间、微量元素、厌氧环境等。其中，产甲烷阶段最容易受到pH值的影响，一般情况下，厌氧产甲烷菌的最佳pH值范围是6.8~7.5。超出此范围，容易导致中间代谢产物的积累，从而造成实验失败。因此，需要确定最佳的物料比。

在厌氧发酵过程中，接种物（厌氧污泥）和底物（本实验为餐厨废弃物）的比例称为物料比，即接种物：底物。接种物太多，底物太少，降低了处理能力；接种物太少，底物太多，容易产生挥发性脂肪酸的积累，导致pH值下降进而导致厌氧发酵实验失败。

实验过程中，主要考察在不同物料比条件下，厌氧发酵的沼气产量、pH值变化、电导率变化，以及中间代谢产物（以TOC表示）变化。

三、实验仪器与试剂

1. 实验仪器

（1）烘箱、马弗炉、坩埚。

（2）厌氧发酵瓶。

（3）水浴锅。

（4）电子天平。

（5）pH计、电导率仪。

（6）TOC测定仪或COD高温消解仪。

（7）硅胶管、止水夹、离心管等。

（8）量筒、烧杯等实验室常规玻璃容器若干。

2. 实验试剂

（1）餐厨垃圾。

（2）厌氧污泥。

（3）$NaHCO_3$或Na_2CO_3，备用。

（4）若实验测定COD，则需要COD测定的相关试剂，在此不做赘述。

四、实验步骤

1. *TS*、*VS* 测定

首先去除餐厨垃圾中的非生物质杂质，然后进行破碎和均质化处理，破碎均匀后测定餐厨垃圾的 *TS*、*VS*，同时测定接种污泥的 *TS*、*VS*。

根据国家相关标准，采用质量法测定 *TS*、*VS*。

已烘至恒重的陶瓷坩埚质量，记为 m_0，取适量混合均匀的餐厨垃圾，放于已烘至恒重的陶瓷坩埚中，称其总质量，记为 m_1；将装有餐厨垃圾的陶瓷坩埚，置于烘箱中，在 105 ℃条件下烘 2 h，烘至恒重，称其质量，记为 m_2；然后将该坩埚放入马弗炉中，结束后，称其质量，记为 m_3。根据公式（1）、公式（2）计算 *TS*、*VS*：

$$TS = \frac{m_2 - m_0}{m_1 - m_0} \times 100\% \tag{1}$$

$$VS = \frac{m_2 - m_3}{m_1 - m_0} \times 100\% \tag{2}$$

2. 准备工作

准备发酵实验所需装置，包括厌氧发酵瓶、导气管、止水夹、排水槽等，掌握排水法测量气体体积的方法。根据实验条件，采用排水法测定沼气产量，或者采用集气袋进行测量。

排水法测量气体体积如图 1 所示，可以直接测量，即将气体通入带有刻度的装满水的倒置量筒中，直接读出气体的体积；也可以间接测量，即用导管连接装满水的广口瓶和空量筒，利用气体将广口瓶中的水排出，通过测量排出水的体积得到气体体积。排水法一般适用于批次厌氧发酵实验。

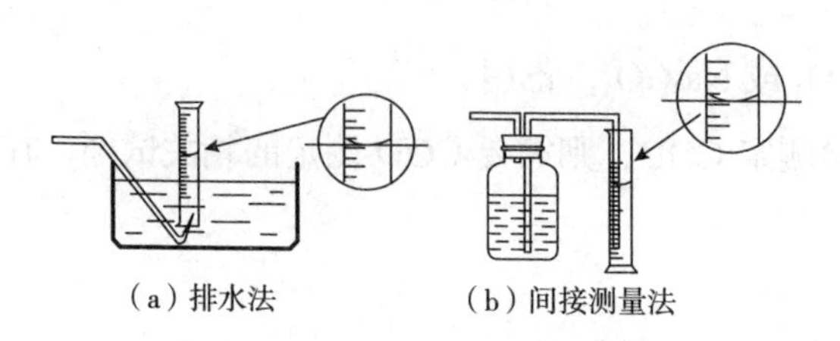

图 1　排水法测量气体体积

检查反应装置的密闭性，给塞子涂抹少量凡士林，以保证厌氧环境，同时以防堵塞。

3. 搭建批次实验

（1）根据餐厨垃圾和接种污泥的 *VS*，确定物料比（接种物：底物），根据实际情况，可灵活处理，如 1：0.2、1：0.4、1：0.6、1：0.8、1：1、1：1.2 和 1：5 等。

（2）根据设置的物料比，称取适量的餐厨垃圾及接种污泥，置于厌氧反应瓶中，加入适量去离子水，统一反应体积为 400 mL，摇匀。然后通入氮气，排出瓶内氧气，用橡胶塞密封，将反应器置于恒温水浴锅中。

（3）连接厌氧反应瓶的出气口与沼气采集装置，设置水浴锅温度，开始实验。一般中温设置在 35~38℃之间，高温设置在 55 ℃左右。

（4）定期采集液体或气体样品，进行相应检测。利用气体样品可以测定沼气体积、沼气成分；利用液体样品可以测定 pH 值、电导率、VFAs、COD、TOC 等。

（5）实验结束后，关闭水浴锅等用电设备，清洗并整理实验装置，分析实验数据。

五、数据处理

（1）绘制在不同物料比条件下，沼气产量、pH 值、电导率、VFAs、TOC 的变化曲线。

（2）计算餐厨废弃物的比沼气产率，如公式（3）所示，即每克餐厨垃圾的沼气产量。

$$\text{比沼气产率} = \frac{\text{沼气产量}}{\text{餐厨垃圾}VS\text{质量}} \tag{3}$$

式中　比沼气产率——单位 *VS* 质量的餐厨垃圾所产沼气的体积，mL/g。

沼气产量——实验过程中总沼气产量，mL。

餐厨垃圾 *VS* 质量——所用餐厨垃圾 *VS* 质量，g。

六、注意事项

（1）上述物料加好后，摇匀，测定初始 pH 值，若 pH 值低于 6.5，可用 Na_2CO_3 适当调节至 7.0。

（2）水浴锅加水至 3/4 容积处，设置水浴锅的温度为中温 35~38 ℃，高温 55 ℃，实验过程中，要定期添加水，以防干烧损坏仪器。

（3）排水量筒倒置后，要读出初始刻度值，以保证气体产量的准确度。

（4）搭建实验之前，要先检查厌氧反应瓶的密封性。密封性良好，方可进行实验，否则，容易导致实验失败。

（5）该实验属于综合性实验，根据检测指标可以设置为 8~16 学时。实验过程不连续，根据实验室条件，间隔取样测定，1~2 周内完成即可。

七、实验结果与讨论

（1）若检测发现，发酵体系的 VFAs 含量很高,pH 值较低，说明了什么？

（2）哪些废弃物适合采用厌氧发酵的方式进行处置？

练习题

1. [单选题] 下列废弃物适合通过厌氧发酵处理的是（　）。

A. 建筑垃圾　　B. 餐厨垃圾

C. 城市固体废弃物　　D. 可回收垃圾

2. [多选题] 厌氧消化过程一般经过下列哪几个步骤？（　）

A. 水解阶段　　B. 产酸阶段

C. 产氢产乙酸阶段　　D. 产甲烷阶段

3. [单选题] 物料比是指（　）。

A. 接种物：底物　　B. 底物：接种物

4. [单选题] 厌氧发酵过程中，产甲烷菌的最适 pH 值范围是（　）。

A. 小于 6.0　　B .6.0~7.0　　C. 6.8~7.5　　D. 大于 7

5. [多选题] 厌氧发酵过程中，如果体系 pH 值下降明显，说明体系有何问题？（ ）

A. 挥发性脂肪酸积累严重　　B. 产甲烷过程滞后于产酸过程

C. 有机负荷相对过高　　D. 产甲烷过程受到一定程度的抑制

6. [多选题] 厌氧发酵过程中，如果体系 pH 值下降明显，为保证体系正常运行，下列操作正确的是（ ）。

A . 适当加入一定量的缓冲溶液，提高 pH 值

B . 降低有机负荷

C . 提高有机负荷

D . 无须调整，任其自我修复

答案： 1. B。

2. ABCD。

3. A。

4. C。

5. ABCD。

6. AB。

实验六　有机垃圾好氧堆肥实验

一、实验目的

通过学习本实验，学生能够根据堆肥原料的物理化学性质，设计好氧堆肥实验的碳氮比，初步具备实验设计能力；借助物理化学指标，如pH值、电导率、植物发芽指数等，初步识别好氧堆肥的特性，判断堆肥腐熟度。

二、实验原理

好氧堆肥是在有氧条件下，好氧菌对废物进行吸收、氧化、分解。微生物通过自身的生命活动，把一部分被吸收的有机物氧化成简单的有机物，同时释放出可供微生物生长活动所需的能量，而另一部分有机物则被合成新的细胞质，使微生物不断生长繁殖，产生更多的生物体。

废物经过堆肥化处理后制得的成品叫作堆肥。它是一类棕色的、泥炭般的腐殖质含量很高的疏松物质，故也被称为“腐殖土”。

三、实验仪器与试剂

1. 实验仪器

（1）烘箱。

（2）电子天平。

（3）精密 pH 计、电导率仪、温度计。

（4）可见光分光光度计。

（5）水平振荡器。

（6）量筒、烧杯、培养皿等实验室常规玻璃容器若干。

2. 实验试剂

（1）有机废物。

（2）土壤。

（3）微生物菌剂。

四、实验步骤

1. 搭建实验装置

（1）实验用堆肥容器为一个 10 L 左右的塑料桶，在底部均匀开孔。

（2）在校园内随机采集实验所需干土，带回实验室，除去土壤表面植物根系、砾石等杂物，混匀，备用。

（3）堆肥原料主要来自剩饭、菜叶、杂草、树枝、鸡蛋壳等，餐厨垃圾与土壤和杂草的体积比大约为 1∶3。原料在装箱堆肥前用剪刀进行切割，充分搅拌。

（4）采用三明治堆肥。先将所取的一部分土壤均匀地铺在桶底部，厚度控制在 5 cm 左右，一次加入堆肥原料，压实，厚度控制在 20 cm 左右，同时加入微生物菌剂，再在原料上铺一层土壤，厚度控制在 2 cm 左右，把装好的桶置于盆中，浇水，保证含水率在 50%~60%。置于阴凉处。堆体干燥时，喷洒自来水以保持堆体内的湿度。

2. 采集样品

堆肥实验需要进行 21 天，分别在第 3 天、第 7 天、第 14 天和第 21 天采集样品，共计 4 个样品。取样时，从堆体表层、中层和内层各取 35 g，多点取样、混合均匀，将其分成 2 份。一份鲜样保存于冰箱中，用于测定堆肥过程中 pH 值和电导率值的变化；另一份鲜样置于通风处自然风干并粉碎过筛，用于测定堆肥处理不同时期的种子发芽指数（*GI*）。

3. 物理化学指标测试

温度：实验期间，每天定点将水银温度计从堆体顶部垂直插入，深度为 10 cm，测定堆体中心位置温度，以此描述堆肥过程中堆体的温度变化；

记录温室温度，以此描述环境温度的变化。

pH 值和电导率：按堆肥湿物料：蒸馏水 =1：10（10 g 湿物料与 100 mL 蒸馏水混合）的比例，在室温下用振荡器连续振荡 30 min，静置 30 min 后，用精密 pH 计和电导率仪测定。

E_4/E_6：用水浸提样品后的液体，在波长 465nm 和 665 nm 处测光密度的比值。E_4/E_6 可以作为衡量堆肥腐殖化作用大小的重要指标，若 $E_4/E_6>2.5$，则反映有机肥已经腐熟。

4. 植物毒性实验

准确称取堆肥风干样品 10 g 于三角瓶中，加入 100 mL[按 1：10（质量 / 体积）] 蒸馏水，于振荡机上水平振荡，在 25 ℃下振荡浸提 2 h，取下静置 0.5 h 后，取上清液于安装好滤纸的过滤装置上过滤，收集过滤后的浸提液并摇匀后待用。在直径 9 cm 的培养皿中放入双层滤纸，加入 10 mL 堆肥浸提液，均匀放置 10 粒大小均匀、籽粒饱满的种子，以去离子水代替堆肥浸提液作为对照组，每个处理设 3 次重复，将培养皿置于 25 ℃ ±2 ℃培养箱中避光培养，于第 72 h 统计发芽种子的粒数，并用游标卡尺逐一测量主根长。发芽指数（GI）的计算见式（1）：

$$GI=\frac{RLSR}{RLG}\times\frac{GSS}{GSC}\times 100\% \quad (1)$$

式中 GSS——实验组发芽种子数；

$RLSR$——实验组根长均值；

GSC——对照组发芽种子数；

RLG——对照组根长均值。

五、数据记录与处理

1. 数据记录

实验数据记录见表 1。

表1 实验数据记录

<table>
<tr><th colspan="3">测试指标</th><th>第3天</th><th>第7天</th><th>第14天</th><th>第21天</th></tr>
<tr><td rowspan="3">感官指标</td><td colspan="2">颜色</td><td></td><td></td><td></td><td></td></tr>
<tr><td colspan="2">气味</td><td></td><td></td><td></td><td></td></tr>
<tr><td colspan="2">手感</td><td></td><td></td><td></td><td></td></tr>
<tr><td rowspan="2">物理化学指标</td><td colspan="2">pH 值</td><td></td><td></td><td></td><td></td></tr>
<tr><td colspan="2">电导率</td><td></td><td></td><td></td><td></td></tr>
<tr><td rowspan="5">植物毒性</td><td rowspan="2">发芽种子数</td><td>对照</td><td></td><td></td><td></td><td></td></tr>
<tr><td>处理</td><td></td><td></td><td></td><td></td></tr>
<tr><td rowspan="2">根长</td><td>对照</td><td></td><td></td><td></td><td></td></tr>
<tr><td>处理</td><td></td><td></td><td></td><td></td></tr>
<tr><td colspan="2">种子发芽指数（GI）</td><td></td><td></td><td></td><td></td></tr>
</table>

2. 数据处理

绘制堆肥过程中温度、pH 值、电导率、含水率和种子发芽指数的变化曲线。

六、注意事项

（1）原料的碳氮比接近 25∶1，堆肥效果最佳。

（2）所取土壤尽量为干土。

七、实验结果与讨论

（1）根据实验结果判断堆肥腐熟度的时间是多少天？

（2）简述堆肥原料中的碳氮去向。

练习题

1. [多选题] 堆肥工艺中，当以人畜粪便、污水污泥饼等为主要原料时，前处理的主要任务是（ ）。

A. 调整碳氮比　　B. 调整含水率　　C. 分选　　D. 破碎

2. [单选题] 下列物质中，哪个不是好氧堆肥过程产生的（ ）。

A. SO_2 B. CO_2 C. CH_4 D. NH_3

3. [多选题] 堆肥原料碳氮比过高，可以加入以下（ ）调整碳氮比为(20~30)：1。

A. 玉米芯 B. 猪粪 C. 尿素 D. 杂树叶

4. [判断题] 堆肥过程中碳氮比越来越大。（ ）

答案：1. AB。

2. C。

3. BC。

4. ×。

实验七　农林废弃物制备生物炭实验

一、实验目的

通过本实验，学生能够根据农林废弃物的特点，设计制备生物炭的方法，能根据产品的物理化学指标评价生物炭的优劣。能够复述管式炉的设备结构和操作管式炉，并根据生物炭成品调整操作参数。

二、实验原理

制备生物炭最常用的是慢速热解技术，即将农林废弃物在限氧或者无氧的条件下灼烧，发生热化学转化，产生的富碳固体物质，称为生物质炭，简称生物炭。在热解过程中的演变一般分为 3 个阶段：①脱水阶段（室温至 100 ℃），该阶段农林废弃物主要发生物理变化，失去水分。②主要热解阶段（100~380 ℃），这一阶段农林废弃物在缺氧条件下受热分解，随着温度的不断升高，各种挥发物相应析出。物料虽然达到着火点，但由于缺氧不能燃烧，不能出现气相火焰。③炭化阶段（>400 ℃），这一阶段发生的分解过程非常缓慢，物料的质量损失比第二阶段小得多，该阶段通常被认为由 C—C 键和 C—H 键的进一步裂解造成的。随着深层挥发物向外层的扩散，最终形成生物炭。

实验过程中，主要考察不同原料制备生物炭的过程及特点。

三、实验仪器与试剂

1. 实验仪器

（1）中药粉碎机。

（2）坩埚。

（3）管式炉。

（4）电子天平。

（5）恒温箱。

（6）pH 计、电导率仪等。

2. 实验试剂

（1）农林废弃物：木屑或者农作物秸秆等生物质材料若干。

（2）普通氮气。

四、实验步骤

1. 生物炭制备

（1）根据条件，选择两种农林废弃物，将其在自然条件下风干，使用中药粉碎机将其全部粉碎至过 40 目筛，并置于自封袋中备用。

（2）称取坩埚的质量（包括盖子），记录质量 m_1。将农林废弃物材料装满坩埚，盖上盖子，称取质量 m_2，放入管式炉炉膛中。

（3）在氮气的保护下，逐渐升温到 700 ℃ ± 25 ℃，烧制 2 h，自然冷却。

（4）冷却到室温下，称取坩埚和生物炭的质量，记为 m_3，根据农业废弃物的水分含量，计算生物炭的粗产率。将得到的生物炭研磨至过 60 目筛。

2. 指标测试

（1）原料含水率：称量有盖容器质量 W_1，取质量约 W_2 样品置于有盖容器中，于 105℃下烘干，恒重至两次称量值的误差小于 ± 1%，记为 W_3，按公式（1）计算含水率。

（2）生物炭 pH 值和电导率：蒸馏水与样品的体积比为 25 : 1，采用 pH 计和电导率仪测定。

（3）吸附性能：采用《煤质颗粒活性炭试验方法 亚甲蓝吸附值的测定》（GB/T 7702.6—2008）方法测定。

五、数据记录与处理

1. 原料含水率 W：

$$W = \frac{W_2 - W_3}{W_2 - W_1} \times 100\% \tag{1}$$

式中 W——原料含水率，%；

W_1——容器质量，g；

W_2——容器及原料样品质量，g；

W_3——容器及原料样品烘干后质量，g。

2. 生物炭产率 η：

$$\eta = \frac{(m_3 - m_1)}{(m_2 - m_1) \times (1 - c)} \times 100\% \tag{2}$$

式中 m_1——坩埚的质量，g；

m_2——坩埚 + 原料的质量，g；

m_3——坩埚 + 生物炭的质量，g；

c——原料的水分，%。

六、注意事项

亚甲基蓝在干燥过程中性质会发生变化，应在未干燥的情况下使用，故需在 105 ℃ ±0.5 ℃下干燥 4h 后，测定其水分。活性炭样品粒度的大小对亚甲基蓝吸附的影响很大，一般要求将试样磨细到 90% 以上能通过 0.045 mm 筛的程度。

七、实验结果与讨论

（1）根据实验结果，比较不同原料制备生物炭的优劣。

（2）生物炭的产率及性质与制备过程中哪些因素有关？

练习题

1. [判断题] 炭化温度是影响生物炭结构发育的重要因素，690 ℃制备的生物炭结构优于 800 ℃制备的生物炭。(   )

2. [判断题] 生物炭的 pH 一般为碱性。(   )

3. [判断题] 生物炭是生物质在绝氧或限氧条件下热解的固态产物。(   )

答案：1. ×。

2. √。

3. √。

实验八　碱性水解法降解 PET 塑料实验

一、实验目的

通过本实验，学生能够根据塑料的理化性质，设计塑料水解的实验方案，理解其中的物化反应；锻炼学生进一步熟悉过滤、结晶、称重等步骤，提高操作技能。

二、实验原理

聚对苯二甲酸乙二醇酯（PET）是由对苯二甲酸和乙二醇缩合而成的热塑性聚酯材料。其成本低廉，并且具有优异的抗拉强度、耐化学性、透明度、加工性和热稳定性等优质性能，因此被广泛应用于纤维、包装、容器、建筑材料等领域中，但是随着各个领域中的废旧 PET 污染物不断增多，导致城市的环境压力日渐加重。据统计，PET 垃圾约占世界固体垃圾质量的 8%、体积的 12%。由于高分子废弃物会转化为有机污染物，对环境和生态系统造成不利影响，并且 PET 废弃物在生态系统中无法快速分解，因此需要重点研究如何高效地将 PET 废弃物转化为不同的产物，从而缓解环境压力，实现可持续发展。

PET 废弃物的回收方法主要分为物理回收、化学回收、物理－化学回收 3 种。物理回收主要是通过切断、粉碎、加热熔化等工艺对 PET 废弃物进行再加工，加工过程没有明显的化学反应；化学回收是指 PET 废弃物在热和化学试剂的作用下发生解聚反应，转化为中间原料或直接转化为单体。

PET 废弃物化学回收主要有 3 种工艺：水解、醇解和氨（胺）解。其中，碱性水解降解较彻底，水分子通过攻击聚合物链使酯键断裂，形成羧基官能团。产物纯净（对苯二甲酸和乙二醇），能够降解高度污染的 PET 废弃物，如磁带、胶卷等，比甲醇醇解过程更加简单，成本低。但须对反应后的废碱液进行适当处理，才能避免造成污染。在碱性水解过程中，PET废弃物水解率和产物产率主要受碱浓度、温度、压力、水解时间等因素的影响。

实验过程中，主要考察不同水解时间下，PET 塑料的水解情况，以及对苯二甲酸和乙二醇的收集等。

三、实验仪器与试剂

1. 实验仪器

（1）烘箱。

（2）圆底烧瓶。

（3）油浴装置。

（4）电子天平。

（5）pH 计。

（6）硅胶管、止水夹、离心管。

（7）量筒、烧杯等实验室常规玻璃容器若干。

2. 实验试剂

（1）PET 塑料。

（2）氢氧化钠。

（3）乙醇。

（4）硫酸。

四、实验步骤

1. PET 塑料准备

PET 塑料颗粒可由薄膜及去掉盖子、标签和胶水的透明 PET 水瓶制备而成。样品首先用洗涤剂清洗，以去除任何表面杂质和油成分，随后用水清洗，并在 50℃的烤箱中过夜干燥。随后用仪器剪碎，过筛，选用 500 μm

的 PET 碎片以备使用。

2. PET 塑料碱性水解

PET 塑料碱性水解实验在装有冷凝器和搅拌器的三颈圆底烧瓶中进行。将含有氢氧化钠（5%，质量分数）和水：乙醇（60%，体积分数）混合物的 100 mL 烧瓶置于室温下的油浴中，并在添加 2 g PET 碎片之前预热至 80 ℃，以最大限度地减少在大气压下达到指定温度的延迟压力。在反应 30 min 后，将烧瓶从油浴中取出并在冰浴中骤冷，以停止 PET 碎片的水解进程。然后，通过过滤分离残留的 PET 碎片，洗涤，在 60 ℃下干燥、过夜并称重。向滤液中加入硫酸调节 pH 值为 3，以将对苯二甲酸二钠转化为固体对苯二甲酸（TPA）单体，然后通过过滤实现分离。进一步对固体 TPA 用去离子水洗涤并在 60 ℃下干燥。PET 塑料碱性水解的反应式和装置及流程如图 1 和图 2 所示。

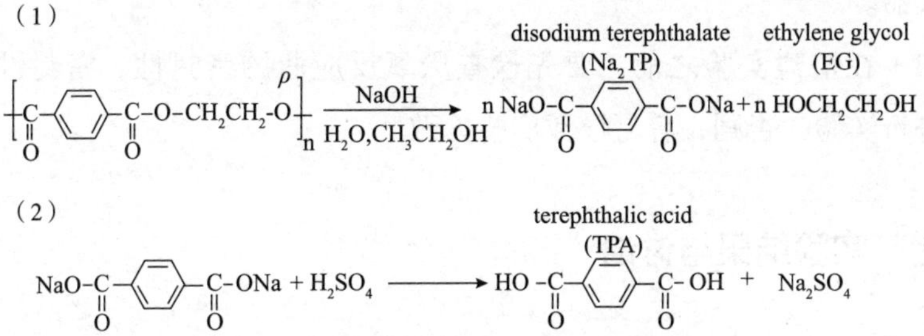

（1）

$$\left[-\underset{\underset{O}{\|}}{C}-C_6H_4-\underset{\underset{O}{\|}}{C}-O-CH_2CH_2-O-\right]_n \xrightarrow[H_2O,CH_3CH_2OH]{NaOH} n\,\underbrace{NaO-\underset{\underset{O}{\|}}{C}-C_6H_4-\underset{\underset{O}{\|}}{C}-ONa}_{\text{disodium terephthalate }(Na_2TP)} + n\,\underbrace{HOCH_2CH_2OH}_{\text{ethylene glycol (EG)}}$$

（2）

$$NaO-\underset{\underset{O}{\|}}{C}-C_6H_4-\underset{\underset{O}{\|}}{C}-ONa + H_2SO_4 \longrightarrow \underbrace{HO-\underset{\underset{O}{\|}}{C}-C_6H_4-\underset{\underset{O}{\|}}{C}-OH}_{\text{terephthalic acid (TPA)}} + Na_2SO_4$$

图 1 PET 塑料碱性水解的反应式

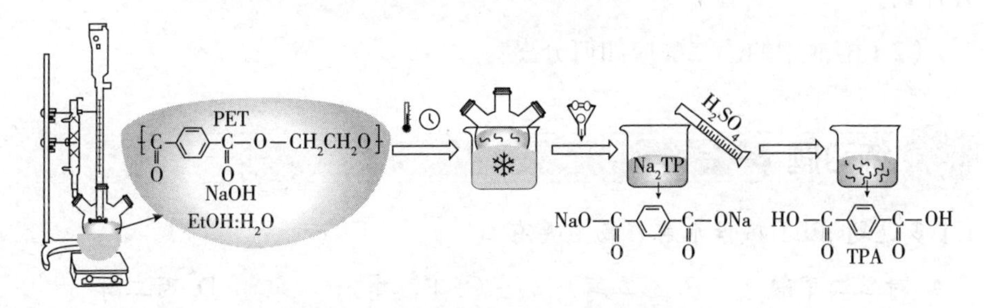

图 2 PET 塑料碱性水解的装置及流程

五、实验数据处理

（1）称量 TPA 的质量，并计算产率。

（2）计算 PET 塑料的转化效率（$PET_{转化}$，%）。

$$PET_{转化}=\frac{W_{PET}^{0}-W_{PET}^{t}}{W_{PET}^{0}}\times 100$$

式中 W_{PET}^{0}、W_{PET}^{t}——反应前、后的 PET 塑料质量，g。

六、注意事项

（1）调整 pH 值时，若 pH 值过低，可适当用 Na_2CO_3 调节。

（2）水浴锅加水至 3/4 容积处；实验过程中，要定期添加水，以防干烧损坏仪器。

（3）在搭建实验之前，要先检查厌氧反应瓶的密封性。密封性良好，方可进行实验，否则，容易导致实验失败。

七、实验结果与讨论

（1）水热法是否适用于其他类型的塑料？如有，请列举，并写出水解方程式。

（2）溶液中的乙二醇应如何分离？

练习题

1. [多选题]PET 碱性水解产物主要有（ ）。

A. 对苯二甲酸　　B. 乙二醇　　C. 丁二醇　　D. 丙二醇

2. [多选题] 化学法回收 PET 废弃物的优点是（ ）。

A. 实现废弃物无循环利用　　B. 产物纯度高

C. 无须粉碎　　D. 回收成本低

3. [判断题]该碱解实验中水和乙醇的比例对反应速率没有影响。(　)

答案：1. AB。

2. AB。

3. ×。

参考文献

[1] 梁嘉林 . 氧化 – 絮凝调理对市政污泥超高压压滤深度脱水的影响及其机理研究 [D]. 广州：广东工业大学，2020.

[2] 台明青，孙涛，黄雪征，等 . 超声波 Fenton 协同 PAM 改善污泥脱水性能 [J]. 福建师范大学学报（自然科学版），2021，37（2）：66–74.

[3] 马俊伟，刘杰伟，曹芮，等 .Fenton 试剂与 CPAM 联合调理对污泥脱水效果的影响研究 [J]. 环境科学，2013，34（9）：3538–3543.

[4] 黄绍松，梁嘉林，张斯玮，等 . Fenton 氧化联合氧化钙调理对污泥脱水的机理研究 [J]. 环境科学学报，2018，38（5）：1906–1919.

[5] 洪飞，金文全，朱辉，等. Fenton– 絮凝联合调理对污泥脱水性能影响 [J]. 南京工业大学学报（自然科学版），2020，42（2）：200–206.

[6] 王彦莹，周翠红，吴玉鹏，等 . 超声波声强及其对污泥脱水特性影响的研究 [J]. 环境科技，2020，33（1）：17–22.

[7] 徐慧敏，何国富，熊南安，等 . 双频超声波促进剩余污泥的破解 [J]. 环境工程学报，2017，11（4）：2452–2456.

[8] 梁波，陈海琴，关杰 . 超声波预处理城市剩余污泥脱水性能研究进展 [J] . 工业用水与废水，2017，48（4）：1– 6.

[9] 薛协平，张彦平，孙雪萌，等 . 改性给水污泥协同 $FeCl_3$ 调理污泥深度脱水研究 [J]. 工业水处理，2021，41（7）：82–87.

[10] 罗鑫 . 调理剂 $FeCl_3$ 与 PAM、CaO 联合作用于污泥脱水及机理研究 [D] . 浙江：浙江工业大学，2014.

[11] 甄广印，吴太朴，陆雪琴，等 . 高级氧化污泥深度脱水技术研究进展 [J]. 环境污染与防治，2019，41（9）：1108–1113+1119.

[12] 罗安然，甄广印，龙吉生，等. Fenton 预处理强化污泥脱水：胞外聚合物和黏度的特性研究 [J]. 环境工程，2016，34（2）：127–132.

[13] 刘文静 . 高温热水解预处理对污泥脱水性能影响的中试试验 [J]. 净水技术，

2019，38（s2）：36–39.
[14] 肖雄，李伟，袁彧，等 . 热水解条件对剩余污泥物理特性的影响 [J]. 中国沼气，2020，38（4）：27–33.
[15] 王坤，钱洁，唐玉朝，等 . 酸 – 低热联合处理对剩余污泥脱水性能的影响 [J]. 环境科学研究，2021，34（7）：1679–1686.
[16] 张皖秋，徐苏云，孙洋洋，等. 高铁酸钾破解剩余污泥的水解效能分析 [J]. 环境科学研究，2020，33（4）：1045–1051.
[17] 甘雁飞，周宁娟，张若晨，等. 废水处理厂剩余污泥水热减量及改善脱水性能的研究 [J]. 环境工程，2017，35（4）：91–96.
[18] 徐莹. 城市污水处理厂剩余污泥的热酸水解试验研究 [D]. 长沙：湖南大学，2012.
[19] 石琦，黄润垚，王洪涛，等. 酸化 – 氧化 – 絮凝联合调理污泥的全过程研究 [J]. 环境污染与防治，2020，42（10）：1263–1268.
[20] 刘二燕，薛 飞，许士洪，等 . 微波与酶联用对印染污泥脱水性能的影响 [J]. 环境工程，2020，38（5）：14–17+42.
[21] 嘎毕拉，罗维 . 不同配比农业废物堆肥过程中堆肥的阴阳离子和大分子对种子发芽的影响 [J]. 环境科学学报，2022，42（6）：1–11.
[22] 高鹏，鲁耀雄，崔新卫，等 . 不同添加剂对畜禽粪便堆肥的保氮效果 [J]. 湖南农业科学，2021，6（6）：38–42.
[23] 胡洋，水泥基材料固化 / 稳定化处理生活垃圾焚烧飞灰重金属及机理研究 [D]. 上海：华东理工大学，2021.
[24] 许宁 . 大气污染控制工程实验 [M]. 北京：化学工业出版社，2018.
[25] 陆建刚 . 大气污染控制工程实验（第二版）[M]. 北京：化学工业出版社，2016.
[26] 孙杰，陈绍华，叶恒朋 . 环境工程专业实验基础、综合与设计 [M]. 北京：科学出版社，2018.
[27] 陆建刚，陈敏东，张慧 . 大气污染控制工程实验 [M]. 北京：化学工业出版社，2012.
[28] 张莉，余训民，祝启坤 . 环境工程实验指导教程基础型、综合设计型、创新型 [M]. 北京：化学工业出版社，2011.
[29] 郝吉明，段雷 . 大气污染控制工程实验 [M]. 北京：高等教育出版社，2004.
[30] 依成武，欧红香 . 大气污染控制实验教程 [M]. 北京：化学工业出版社，

2009.
[31] 黄学敏，张承中 . 大气污染控制工程实践教程 [M]. 北京：化学工业出版社，2007.
[32] 田立江，张传义 . 大气污染控制工程实践教程 [M]. 徐州：中国矿业大学出版社，2016.
[33] 银玉容，马伟文 . 环境工程实验 [M]. 北京：科学出版社，2021.
[34] 孙红杰，仉春华 . 环境综合实验教程 [M]. 北京：化学工业出版社，2021.
[35] 王琼，尹奇德 . 环境工程实验（第二版）[M]. 武汉：华中科技大学出版社，2018.
[36] 葛碧洲 . 环境科学与工程专业实验教程 [M]. 西安：西安交通大学出版社，2021.